人力資源管理

——SAP系統實務

李幸 著

財經錢線

前言
Preface

　　世界500強背後的管理大師——SAP公司，是全球最大的企業管理和協同化商務解決方案供應商、全球第三大獨立軟件供應商。目前，在全球有180多個國家和地區超過388,000家用戶使用著SAP管理軟件。

本書將SAP管理軟件的HR模塊與人力資源管理專業課程相結合，以SAP IDES ECC5.0為實驗工具，為SAP初學者創設了上機實踐和企業業務運作情景模擬的學習機會，是在現代企業信息管理環境下，對人力資源管理專業學習與實踐性教學環節進行整合的新興實驗教學資源。

　　本書編寫有以下特色：

1. 淡化計算機專業術語，強調人力資源管理的專業職能

從接觸學習SAP至今，我一直在堅持收集SAP的相關書籍與學習資料。這些學習資源對學生學習SAP的幫助很大。但是，在教學過程中，我發現不同專業的學生，面對相同的學習資料，會產生差別很大的反應：對於信息技術專業的學生而言，認為這些學習資料可讀性很強；但是對於人力資源管理專業的學生而言，由於他們缺乏計算機專業知識背景而對學習SAP產生恐懼心理。這是很令人遺憾的事情。本書的編寫突破了SAP的計算機術語限制，盡量突出人力資源管理專業職能，淡化計算機專業術語，對於廣大的非計算機專業的學生和管理人員來說具有很強的可讀性，而對於計算機專業的管理人員來說，也可以更好地理解SAP系統背後的人力資源管理原理。

2. 實訓題目基於業務情景，實訓記錄有利於鞏固所學知識

本書的實訓題目涵蓋了人力資源管理中的所有日常職能與核心職能，如工作分析、招聘、培訓、時間管理、績效評估、工資管理等。每個實訓題目都基於業務情景，模擬操作性很強。同時，為了讓初學者加深對知識、技能的記憶和提高熟練度，本書總結了實驗教學課堂與學生互動的點滴情景，為每一個SAP人力資源管理實訓環節都編寫了學習背景、學習目標、學習內容、實訓練習題和應用與提高等實訓項目。其中「實訓練習題」注重實訓基礎理念；「應用與提高」注重實訓業務情景，配有強化學生記憶和提高熟練度的若干問題。學生在實訓過程中，可以根據問題設置，做好實訓記錄，非常有利於學習之後的鞏固，可極大地提高學習效率。

3. 用中文表述實訓題目，配合數字化教學資源，易於開展實驗教學和培訓

SAP系統的語言是英語，在學習或培訓過程中，我發現學生對於英語學習資料可以接受，卻很難獨立地準確理解英語練習題的題意，往往需要教師對題目進行本土化的情景翻譯與解釋，這大大浪費了課堂教學時間。本書的實訓題目全部用中文語境下人力資源管理情景來表述，並針對每一道實訓題目的詳細操作過程，附加了真實的界面樣圖，降低了SAP人力資管理學習難度，讓更多的初學者在輕鬆、愉快、有節奏、感興趣的狀態下掌握SAP人力資源管理實訓技能。

本書是中國大學MOOC在線開放課程「人力資源管理信息系統實務」的配套數字化教材。書中每一章的內容，都有相關的教學視頻、課件、討論區互動等網絡教學資源，方便讀者根據自身的閱讀進度，即時查詢更多的網絡教學資源，實現文字、視頻、課件、討論互動等同步在線的數字化閱讀。

「知識來源於實踐，能力來自於實踐，素質更需要在實踐中養成。」本書是高校本科生、研究生、MBA教育開展ERP實驗教學、SAP人力資源管理課程、人力資源管理信息系統課程的理想實訓教材；對於企業已上線或即將上線SAP管理軟件的各類管理人員而言，此書可作為學習SAP人力資源管理日常業務操作的參考用書；同時，對於社會上廣大SAP人力資源管理初學者來講，本書也是可讀性和操作性極強的實訓指導教材。

李　幸

內容摘要

本書首次將實驗教學從理論教學中獨立出來，以規範的、操作性強的教學體系展現在廣大師生面前。它將人力資源管理理論與實務、SAP人力資源管理相關培訓資料和上線SAP管理系統的企業運作實際相整合，突出SAP管理軟件的操作與應用，突出人力資源管理實務的解決方案，突出教育、培訓的實踐性和創新性。

本書共十二章：

第一章登錄和瀏覽SAP R/3系統。本章向各位初學者介紹了SAP R/3的登錄方法和基本用戶口令。通過對本章的學習，初學者能夠熟悉SAP系統的基本功能操作界面，並可以根據自己的工作需要來定義個性化的初始界面。本章為SAP初學者揭開了SAP的神祕面紗。

第二章SAP人力資源管理的層級結構。本章內容是SAP人力資源管理的靈魂，也是操作和設計SAP人力資源管理系統的根基。本章將向各位初學者介紹SAP人力資源管理中的三類結構，即企業結構、人事結構和組織結構。通過對本章的學習，初學者可以對SAP人力資源管理有一個全局的認識，並能夠根據管理工作的需要，在SAP系統中創建或更改組織結構，這也是SAP人力資源管理中最為基礎的一項工作技能。

第三章至第四章SAP員工行政管理。員工行政管理是企業人力資源管理中最基本的日常工作，它包括員工主數據的錄入、更改和根據管理需要進行的相關數據維護。員工行政管理的維護方法有三種，即單屏維護、快速錄入和人事事件維護。這三種方法各有其最適合應用的業務場景，通過對本章的學習，你將會熟悉SAP人力資源管理系統中更多的信息類型，發現SAP人力資源管理的更多樂趣。

第五章SAP招聘工作的實施。招聘是人力資源管理部門的一項基本日常工作，招聘工作做得科學與否，直接決定了企業人力資源的潛質發揮與企業發展。SAP人力資源管理的招聘模塊設計精密，從招聘廣告的媒體選擇和招聘成本與收益的比較、應聘者個人基本信息和任職素質的維護、組織應聘者參加面試，到給應聘者發送回信、邀請面試、製作和簽署合同、正式錄用應聘者的每一個環節，SAP都為我們設計了科學的、有條理的、高效的工作流程。相信通過對本章的學習，你不僅能夠學會使用SAP人力資源管理系統的招聘模塊在企業中實施招聘，還可以成為一名合格的招聘專員。

第六章SAP培訓工作的實施。培訓是人力資源部門的一項基礎工作，有效的培訓不僅有利於實現人職匹配，最大化地挖掘企業人力資源的工作潛力，還是人力資源管理

工作中一項很好的激勵手段。培訓計劃的制訂和實施是進行人力資源管理長期激勵的基本方法之一。人力資源管理部門的培訓工作非常強調針對性和有效性，這正是SAP人力資源管理員工發展模塊的基本設計理念。SAP培訓工作的開展起始於職位分析，結合員工現有的任職素質，進行比較分析，找出職位需求與員工素質之間的差距。這個差距是制訂員工培訓計劃、考核員工培訓效果的重要依據。員工培訓計劃的實施需要為員工制定培訓課程，同時也需要為培訓員工在企業中找到合適的繼任者，從而既保證員工得到正常培訓，也保障企業能夠正常運作。

第七章至第八章SAP時間管理的實施。時間管理是SAP人力資源管理系統中的特色功能之一。傳統的人力資源管理常常將時間管理局限為員工考勤，大大削弱了時間管理功能的發揮，從而出現對員工事假和病假管理鬆散、對員工加班時間不能及時且有效加以記錄和認定、員工年假不能充分靈活地利用等問題。SAP人力資源管理非常重視時間管理，對員工出勤、缺勤、加班、事假、病假、年假等都做了細緻的管理規定，不僅能夠及時、準確地分門別類記錄員工工作時間內發生或即將發生的事件，還能夠定期對全體員工進行時間評估，從而有效地將時間管理與績效考核、薪酬管理緊密相連。

第九章SAP績效評估的實施。績效評估是人力資源管理部門的核心職能之一。在實際業務中，企業常常為尋找和改進適合企業管理運作的績效評估方法、績效評估工具、績效評估指標等問題而投入很多的時間和精力。新版本的SAP人力資源管理績效評估模塊，選擇了與企業戰略管理思想緊密相連的目標管理（MBO）理念，作為績效評估方法的設計理念，結合360度績效評估反饋思想，為企業人力資源管理部門設計了多種績效評估模板。企業可以選擇最適合自身管理實際的績效評估模板，高效地完成選擇績效評估方法、工具、參考評估指標等工作，還可以根據評估模板設計的評估指標，制訂富有企業特色和部門特色的評估數據；定義指標考核分級；按照SAP人力資源管理績效評估的流程思想，輕鬆、有條理地完成績效評估工作。相信通過本章的學習，你能夠體會企業戰略人力資源管理的績效評估思想，掌握科學、高效的績效評估實施流程。

第十章至第十一章SAP工資管理的實施。工資管理是人力資源管理部門的核心業務之一，這兩章將向各位初學者介紹為企業員工實施工資管理的完整操作過程。SAP工資管理的實施，首先需要配置前期工資管理員與準備員工工資數據，之後運行工資發放流程與製作工資報表程序。如果企業同時上線了SAP財務管理模塊，SAP工資發放最後還需與財務管理集成——過帳。

第十二章SAP人力資源管理報表查詢工具。SAP人力資源管理系統設計了非常成熟的各類報表查詢工具，極大地方便了人力資源管理者在業務操作時，及時、準確、方便、快捷地查找到需要查看、維護或做統計分析的人員數據。通過本章的學習，你將會發現SAP人力資源管理的報表查詢工具是查詢「小當家」！

相信本書的實訓指導能讓更多的SAP初學者系統掌握SAP人力資源管理系統的設計理念、工作流程和操作技能。「世上無難事，只怕有心人」，願各位讀者早日成為國際複合型管理人才，成就輝煌的職業人生！

目錄 CONTENTS

第一章　　登錄和瀏覽 SAP R/3 系統 …………………… 1

第二章　　SAP 人力資源管理的層級結構 …………………… 11

第三章　　SAP 員工行政管理（一） …………………… 21

第四章　　SAP 員工行政管理（二） …………………… 32

第五章　　SAP 招聘工作的實施 …………………… 41

第六章　　SAP 培訓工作的實施 …………………… 56

第七章　　SAP 時間管理的實施（一） …………………… 69

第八章　　SAP 時間管理的實施（二） …………………… 77

第九章　　SAP 績效評估的實施 …………………… 87

第十章　　SAP 工資管理的實施（一） …………………… 97

第十一章　　SAP 工資管理的實施（二） …………………… 108

第十二章　　SAP 人力資源管理報表查詢工具 …………… 120

第一章
登錄和瀏覽 SAP R/3 系統

學習背景

為了有效、自如地使用 SAP R/3 系統,初學者首先需要熟悉 SAP 系統的基本功能界面,並根據自己的工作需要來定義個性化的初始界面。本章會為 SAP 新手們揭開 SAP 系統的神祕面紗。

學習目標

通過本章的學習與操作,你將瞭解人力資源管理信息系統發展的歷程、基本功能;學會如何登錄 SAP 系統,熟悉 SAP 系統界面的基本設置,你還將學會如何根據自己的工作需要和工作偏好來設置 SAP 系統的初始界面。

學習內容

1. 瞭解人力資源管理信息系統的發展歷程。
2. 瞭解人力資源管理信息系統的基本功能。
3. 學習如何登錄 SAP R/3 系統。
4. 瞭解 SAP R/3 系統中的功能模塊;熟悉 SAP R/3 系統中人力資源管理模塊的主要功能。

5. 學會如何根據工作需要打開相應的工作界面。

6. 熟悉幫助鍵 F1 和 F4 的用法；學會使用收藏夾，建立個性化的收藏夾。

一、人力資源管理信息系統的發展歷程

人力資源管理信息系統經歷了從 HRIS 到 HRMS 到 e-HR 的歷程。這一歷程是從傳統手工製表，使用簡單的薪資計算器，到充分利用電腦梳理規範、系統化業務流程，再到依靠信息技術和互聯網平臺，全員參與管理，通過數據的整合、分析、預測，為組織戰略發展提供重要的決策依據的歷程。如圖 1-1 所示。

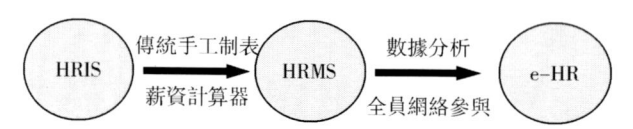

圖 1-1　人力資源管理信息系統發展歷程

HRIS：全稱 Human Resources Information System，人力資源信息系統。它非常重視採集員工個人信息和工作數據，處理簡單的員工人數統計、考勤與薪資計算工作，但不參與管理。因此，HRIS 適用於不超過 250 人規模的小型組織，基本屬於人工人力資源管理模式。

HRMS：全稱 Human Resources Management System，人力資源管理系統。HRMS 重視數據的管理工作，借助電腦和人力資源管理專業軟件進行人力資源管理的開發與應用，拓展了傳統人力資源管理業務領域。HRMS 在檔案管理、考勤管理、工資管理等基礎業務的基礎上，發展了員工培訓管理、績效管理、招聘管理等業務模塊，並將每種業務通過軟件設計了規範標準的業務流程，人力資源管理工作邁入了系統化、規範化的新時代。

e-HR，即電子人力資源管理。隨著互聯網的普及，人力資源管理工作已經不再是人力資源管理部門的工作了，而是需要全員參與，共同管理。全員通過 e-HR 平臺完成權限互動，自助管理。

二、人力資源管理信息系統的功能

人力資源管理信息系統的功能可分為四大類：

第一類：員工基本事務管理，是 HRIS 階段保留下來的業務，如人事行政管理、組織機構管理、福利管理、考核和休假管理、薪資計算和發放、法定報表。

第二類：員工職業生命週期管理，是 HRMS 階段保留下來的業務，如招聘管理、培訓管理、績效考核、員工發展和素質模型管理、薪酬管理、人員配置管理。

第三類：人力資源計劃與分析，是 SHRMS 戰略人力資源管理階段的新增業務，如業務戰略計劃、分配和優化；人力成本的計劃和模擬；組織發展、規劃管理；人力資源

第一章　登錄和瀏覽 SAP R/3 系統

關鍵業績指標監控；人力資源統計分析和報表功能等。

第四類：人力資源服務，是 e-HR 階段新增的業務，包括經理自助服務、員工自助服務。

如圖 1-2 所示：

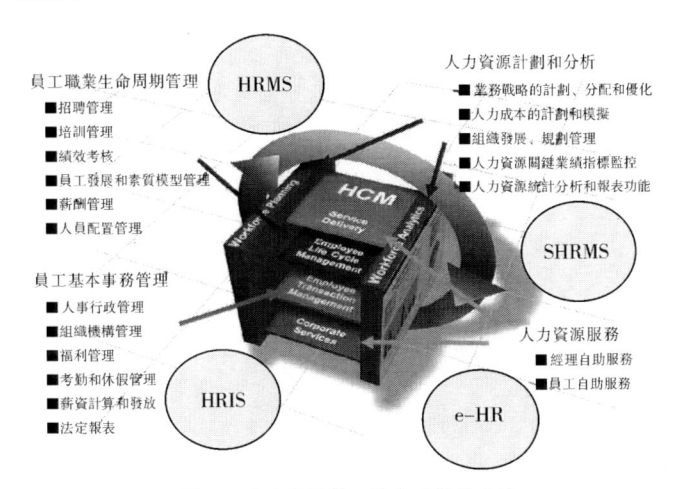

圖 1-2　人力資源管理信息系統的功能

三、登錄 SAP R/3 系統的方法

雙擊桌面 SAP 圖標，進入登錄對話框面頁：利用教師分配給你的客戶端代碼、用戶名、初始密碼進行初次登錄，並填寫如下信息（圖 1-3）：

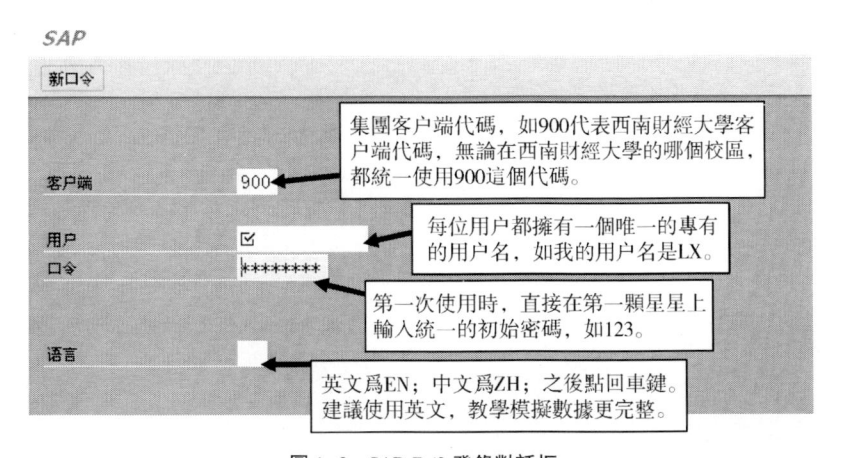

圖 1-3　SAP R/3 登錄對話框

登錄對話框顯示了四條信息：

● 客戶端：是指集團客戶端代碼；如 900，代表西南財經大學客戶端代碼，無論在西南財經大學的哪個校區，都統一使用代碼 900。

— 003 —

人力資源管理——SAP系統實務

- 用戶：用戶欄目中有「勾」，代表必填項。每位用戶都擁有唯一的專有的用戶名。
- 口令：指密碼。初次使用時，在第一顆星星處開始輸入統一的初始密碼，如 123。
- 語言：本系統支持多語言，常用的英文為 EN，中文為 ZH，選擇語言之後點回車鍵。本書建議大家使用英文，因為英文環境中的教學模擬數據更完整。在學習過程中大家也可以累積很多關於人力資源管理的英語專業詞彙。

當你需要切換中、英文版本時，請退出登錄。重新登錄時在語言中輸入對應的語言代碼即可。

填寫完全部項目後，點擊回車鍵，系統提示修改初始密碼（圖1-4）。

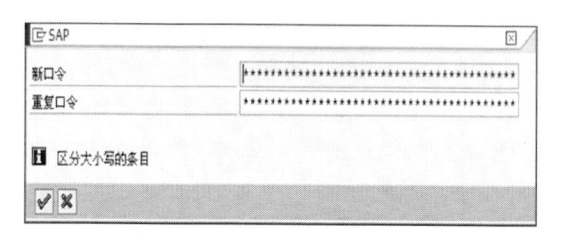

圖1-4　登錄 SAP R/3 時提示修改初始密碼

系統提示「請修改初始密碼，並確認自定義的密碼，今後你的課堂操作數據也因你的密碼設置而受到保護」。

四、SAP R/3 主菜單的基本內容

成功進入 SAP 系統後，系統初始界面的名稱是：SAP Easy Access（SAP 輕鬆訪問）。瀏覽一下主菜單 SAP menu，你會看到 SAP R/3 系統包含的主要業務功能（英文後的中文解釋為相關業務提示）：

- Office 辦公室交互業務
- Cross-Application Components 交叉協同業務
- Collaboration Projects 合作項目
- Logistics 物流管理業務
- Accounting 財務管理業務
- Human Resources 人力資源管理業務
- Information System 報表管理業務
- Tools 工具與設置

SAP R/3 系統的 HR 模塊包含哪些主要的功能呢？(英文後的中文解釋為相關業務提示)

- Managers Desktop 管理者桌面
- Personnel Management 行政管理（含招聘、員工發展、績效管理等核心業務）
- Time Management 時間管理

— 004 —

- Payroll 薪資管理
- SAP Learning Solution 在線幫助
- Training and Event Management 培訓與商務事件
- Organizational Management 組織管理，主要完成員工與職位匹配工作
- Travel Management 差旅管理
- Information System 報表管理
- Environment，Health and Safety 環境、健康與職業安全管理

五、口令法與路徑法

在人力資源管理操作系統中，用戶和軟件溝通有兩種方式，一種是口令法，一種是路徑法。

口令法：在命令區（Command Field）中輸入口令，實現任務啟動。比如，在命令區輸入口令 PA30，點擊回車鍵即可進入員工主數據界面。

路徑法：在主菜單中，通過一層層展開業務路徑，實現任務啟動。比如，在 SAP menu 中，應用路徑法層層展開如下項目：Human Resources——Personnel Management——Administration——HR Master Data——Maintain，雙擊 Maintain，一樣可進入員工主數據界面。

兩種方法殊途同歸，用戶可根據自身的使用偏好和習慣自行選用。

六、幫助鍵與收藏夾的功能

鍵盤 F1 鍵和 F4 鍵具有不同的幫助功能。F1 鍵告訴你光標所在處的含義和用法；F4 鍵提示你光標所在處應填寫的內容。同學們在未來的學習和工作中，如果遇到不熟悉的細節項目，可以積極使用 F1 鍵和 F4 鍵，以提高工作效率。

在主菜單中，收藏夾 Favorates 被置頂。平日工作使用頻率極高的業務，可以放於收藏夾中，以提高工作效率。將高頻業務放入收藏夾中有兩種方法：右鍵添加法和拖拽法。

下面，我們通過一些練習題，來體驗本章的相關學習內容。

實訓練習題

一、登錄 SAP R/3 系統。

1. 記錄你的登錄步驟：

_____

_____

2. 利用老師分配給你的客戶端代碼、用戶名、初始密碼進行初次登錄，並填寫如下信息：

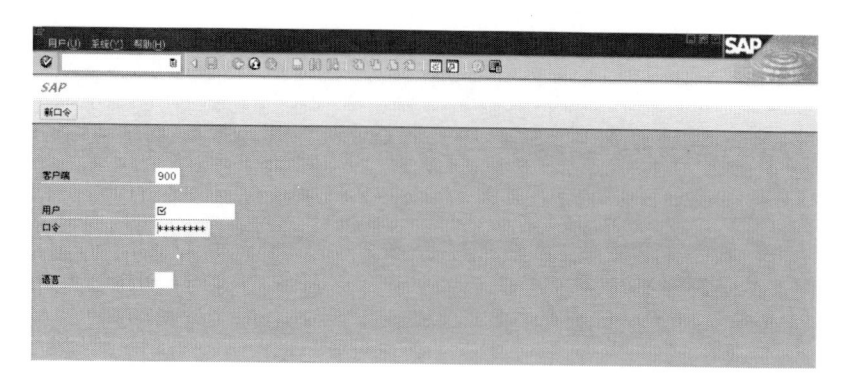

3. 當你填寫完全部空白處，點擊回車鍵後，系統對你做出怎樣的提示？

4. 你修改的新密碼是？

5. 當你需要切換 SAP R/3 系統的中、英文版本時，你會怎樣處理？

二、當你成功進入 SAP R/3 系統中時，請回答如下問題：

1. 系統初始界面的名稱是：

2. SAP R/3 系統包含哪些功能模塊？

3. SAP R/3 系統的 HR 模塊包含哪些主要的功能？

三、在熟悉如下 SAP R/3 基本界面的過程中，請你對如下問題做出回答：

1. 請在 SAP 的初始界面中標示出人力資源管理模塊的主要功能的名稱。

_____
_____
_____
_____
_____
_____
_____
_____
_____

2. 在命令區（Command Field）中輸入如下命令，會產生怎樣的結果？

Entry	Results
/n:	
/o:	
/i:	
SU03	
SM04	
/nsm04	
/nend	
/nex	

應用與提高

1. 如何創建/關閉一個窗口？

2. 參考如下界面，寫出進入到 SAP R/3 人力資源管理（HR）模塊中的員工主數據（Master Data）維護（Maintain）界面的方法。

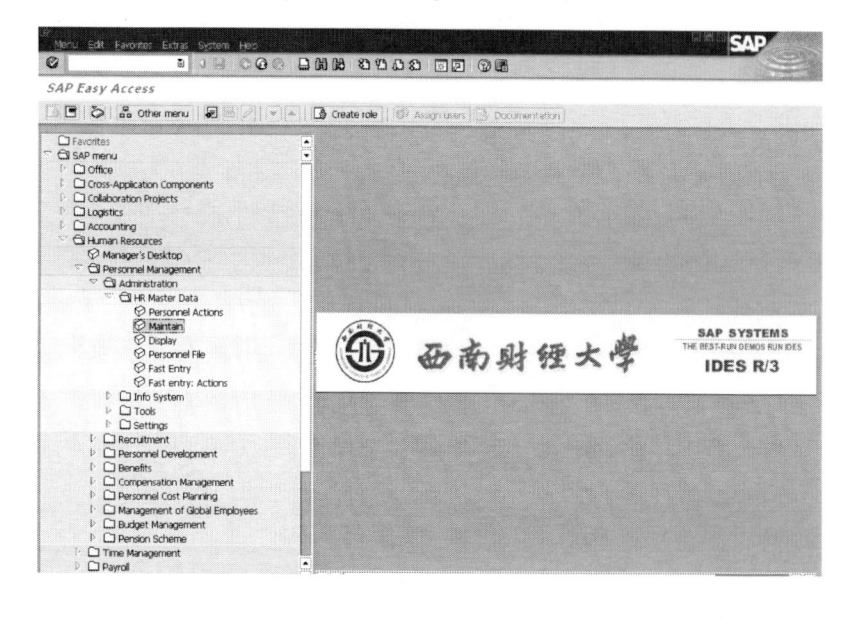

3. 以員工主數據維護界面中的員工代碼（Personnel no.）為例，參考如下界面，說明幫助鍵 F1 和 F4 的主要區別是什麼。

第一章　登錄和瀏覽 SAP R/3 系統

4. 根據自己的工作需求，你如何自定義個性化的收藏夾？參考如下界面，寫出將常用維護界面添加到收藏夾的方法。

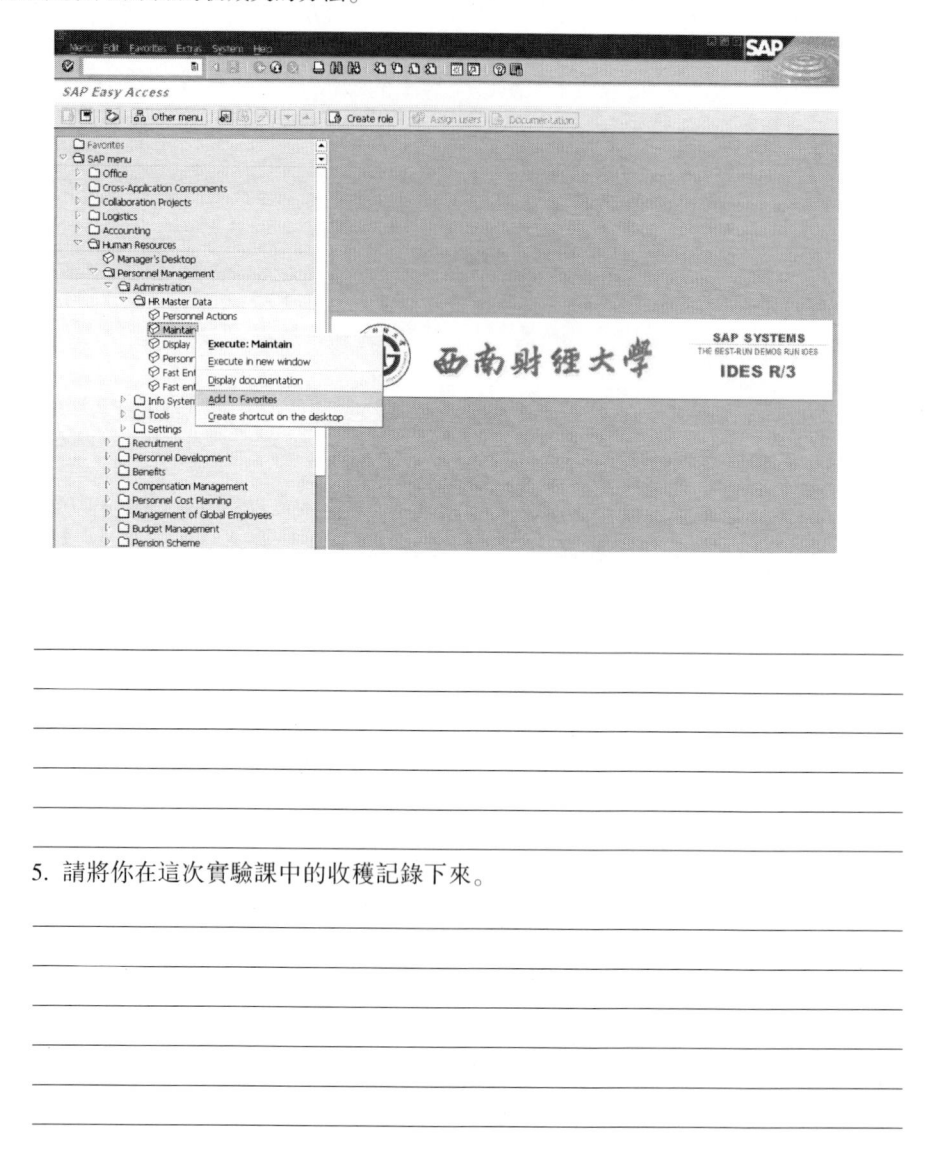

5. 請將你在這次實驗課中的收穫記錄下來。

第二章
SAP 人力資源管理的層級結構

學習目標

　　SAP 人力資源管理的層級結構是 SAP 人力資源管理的靈魂，也是操作和設計 SAP 人力資源管理的根基。本章將向各位初學者介紹 SAP 人力資源管理中的三類結構，即企業結構、人事結構和組織結構。本章可以使你對 SAP 人力資源管理有一個全局的認識，並能夠根據管理工作的需要，在 SAP 系統中創建或更改組織結構，這也是 SAP 人力資源管理中最為基礎的一項工作技能。

學習背景

　　人力資源管理思想的核心是實現人與職位的最佳匹配，即將合適的人分配在最適合他的職位上工作，才能發揮出人力資源的最大潛質。SAP 人力資源管理的層級結構為人與職位匹配搭建了虹橋，我們可以根據組織在不同發展階段的需要，調整、變更 SAP 系統中的組織結構；實現員工與職位的匹配；實現不同職位、不同職務、不同部門之間的良好業務關聯。

學習內容

1. SAP 人力資源管理的三類結構。
2. 熟悉維護組織結構數據的路徑。

3. 養成記錄維護數據有效期的習慣。
4. 創建一個新的組織單元。
5. 創建隸屬於新組織單元之下的不同職位。
6. 將員工與職位相匹配。

組織在人力資源管理實踐中，為了對員工進行高效的時間管理、薪資管理和行政管理，管理者首先需要對員工進行分層分類管理。

SAP 人力資源管理的層次結構是 SAP 人力資源管理的靈魂，也是操作和設計 SAP 人力資源管理的根基。SAP 人力資源管理有三類結構：企業結構、人事結構和組織結構。如圖 2-1 所示。

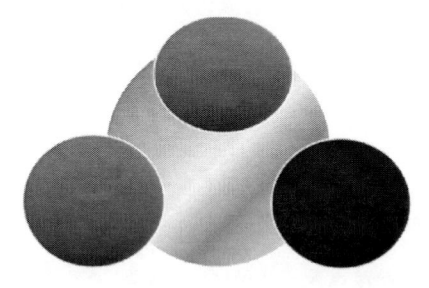

圖 2-1　SAP 人力資源管理的三類結構

一、企業結構

企業結構如同描繪組織佈局的一張地圖，有地域分佈，也有業務和職能分工。如圖 2-2 所示，集團客戶端代碼 800，有三家分公司，分別是德國分公司（代碼 1000）、

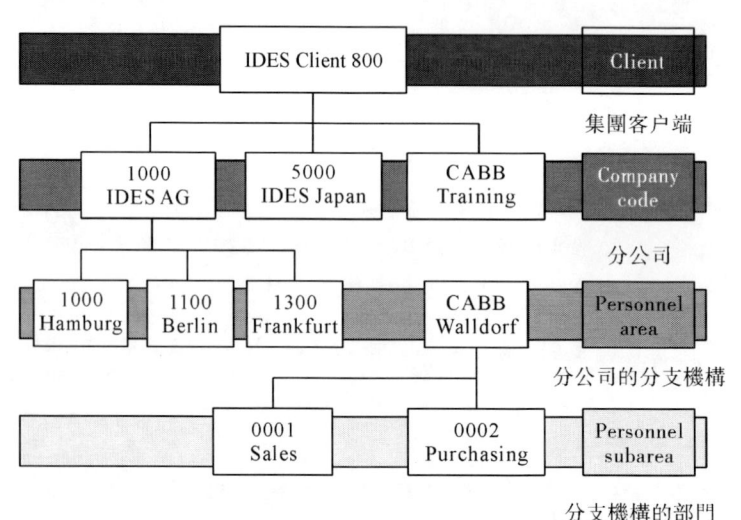

圖 2-2　SAP 企業結構示例

日本分公司（代碼5000）和培訓中心（代碼CABB）。德國分公司有三家分支機構，分別位於 Hamburg（漢堡，代碼1000）、Berlin（柏林，代碼1100）、Frankfurt（法蘭克福，代碼1300）；培訓中心位於 Walldorf（沃爾多夫），由於沒有更多的分支機構，所以分支機構代碼和分公司代碼一樣都是 CABB。培訓中心有兩個業務部門，分別是 Sales（銷售部，代碼0001）和 Purchasing（採購部，代碼0002）。

企業結構中的核心概念有：
- 集團客戶端（Client）：在管理信息系統中代表一家獨立的法人組織；
- 公司代碼（Company code）：代表一家獨立的分支機構，擁有獨立的財務核算體系；
- 人事範圍（Personnel area）：代表分支機構內設的部門；
- 人事子範圍（Personnel subarea）：是人事範圍的細分，代表部門下設的基層單元。
- 成本中心（Cost center）：是對所有目標單位的成本和費用承擔控制、考核責任的中心。各單位所指派的成本中心，具有層級繼承性。

二、人事結構

人事結構，是為了便於對員工做好時間和薪資管理，而對員工進行分類管理的一種方法。比如組織中有在職全職員工、兼職臨時員工、退休人員等，企業對這些人員的工作時間要求不同，工資發放條件也有所不同。

人事結構中的核心概念有：
- 員工組（Employee Group）：是對員工群體的粗略劃分。比如兼職員工的工作時間，一般是按照業務合作項目約定，靈活安排；其薪資管理也常常按照業務合作項目約定結算；對於在職全職員工的工作時間，有嚴格的管理制度和考核制度約束，其薪資管理按照組織的薪資管理制度執行；退休員工無須工作時間管理，其薪資管理按照組織對退休人員的薪資管理制度執行。
- 員工子組（Employee Subgroup）：是對員工組的進一步細分。比如在職全職員工可以進一步細分為：實習生，工作時間通常為1-3個月，時間管理相對寬鬆，有薪資補助或沒有薪資；計時工資員工，工作時間通常按小時計算，有輪班安排，薪資管理以具體核算的有效工作時間為主；年薪制員工，工作時間相對自由，薪資管理以勞動合同約定的固定年薪為上限，以完成績效考核目標承諾為主；佣金制員工，工作時間相對自由，薪資管理常常以銷售提成為主，可期待空間較大。
- 薪資範圍（Payroll Areas）：是為了合理安排發放工資進程而設計的人事範圍的要素。對於大型組織而言，由於員工人數眾多，如果每月在同一天集中發放工資，不僅人力資源管理部門和財務部門的相關業務時間過於集中，壓力過大，從社會角度而言，銀行資金流出過於巨大，會增加銀行經營風險。因此，大型組織的工資發放，通常會分

批次進行，從而實現業務部門、組織和社會的平衡。

假設如圖 2-3 所示，有兩組員工，第一組的員工，薪資範圍的代碼是 X0，其薪資發放規則是每月月底，發放本月工資；第二組員工，薪資範圍的代碼是 X1，其薪資發放規則是每月月初，發放上個月的工資。這樣，在一個月內會有間隔、分批次地推進工資發放工作。

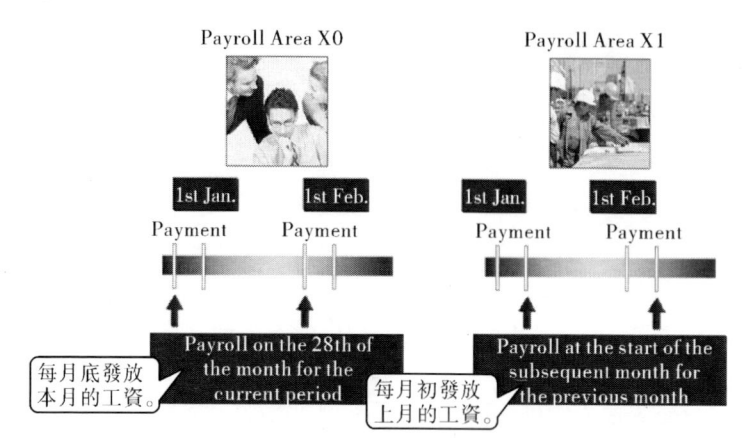

圖 2-3　SAP 薪資範圍示例

三、組織結構

組織結構描繪了人職匹配的環境和構架，職位對應的責任和權限，上下級的隸屬關係以及部門結構。

組織結構包含的核心概念有：部門、職務、職位和員工等。

- 部門（Org Unit）：部門描述了組織中存在的各種各樣的業務單位。業務部門及其相互之間的關係，形成了組織機構。比如，從最高層董事會，到中層人力資源部、財務部，再到基層薪資處室、其他業務處室、信貸處室、客戶處室、審計處室，無論層級高低，部門大小，只要有獨立的業務分工，在 SAP 系統中都統稱為「部門」。
- 職務（Job）：對員工從事工作的大致分類。比如，有部門經理職務、採購員職務、秘書職務等。職務具體是指哪個部門的部門經理，哪類物料的採購員，誰的秘書，並不確定，因此職務是對員工從事工作的大致分類。
- 職位（Position）：分配給每一位員工的崗位。因此職位是對職務的細化，同一個職務可以被細化為多個職位。在 SAP 人力資源管理信息系統中，建議一人一崗，當然如果出現多人一崗的情況，我們將在 SAP 時間管理板塊中安排輪班時間表。
- 員工（Person）：職位的任職者。

下面，我們通過一些練習題，來體驗本章的相關學習內容。

實訓練習題

根據如下界面提示，請分別寫出 SAP 人力資源管理中企業結構、人事結構和組織結構所包含的要素名稱。

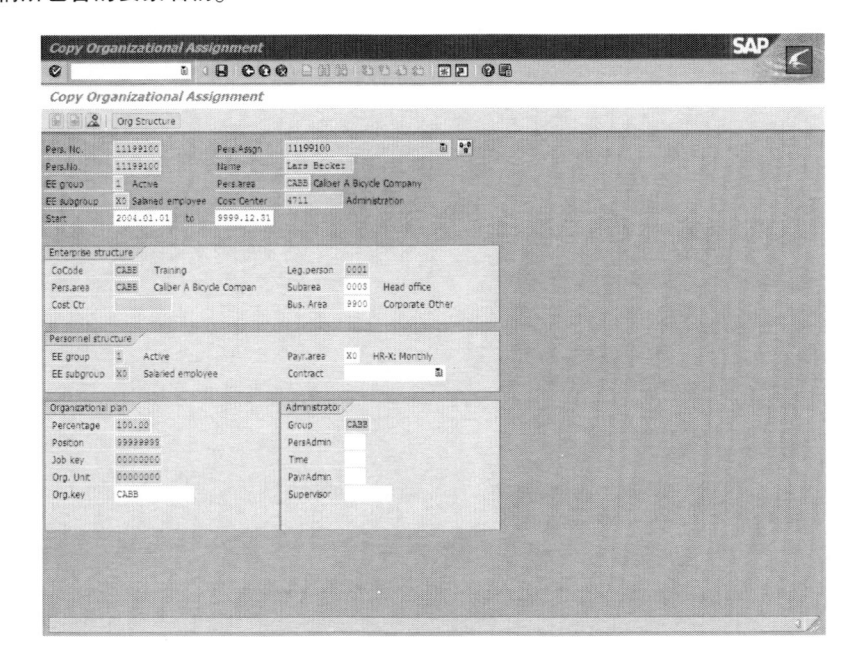

1. 企業結構包含的要素有：_____
_____

2. 人事結構包含的要素有：_____
_____

3. 組織結構包含的要素有：_____
_____

應用與提高

一、請閱讀如下業務情景：

某公司因業務管理的需要，於 2003 年 1 月 1 日起新增一個部門，該部門持續期為 3 年，其成本中心被指派為 4711。該部門之下設有兩個職位，分別為部門經理和部門行政干事（部門經理職位隸屬於經理這個職務，部門行政干事隸屬於行政管理員這個職務）。目前該部門經理人員已經確定是 Lars Becker，其員工代碼為 111991##。

1. 參考如下界面，說明如何在初始界面的主菜單中進入我們需要維護的交易界面。

進入維護組織結構界面的方法是：_____

_____

_____

2. 根據以上信息，確定此次數據維護的有效期區間為：_____

3. 假設新增部門即組織單元（Organization Unit）名稱為 ##Organization，簡稱為 ##Org，在創建並維護這個新部門的過程中，請在如下界面中的空白處填空。

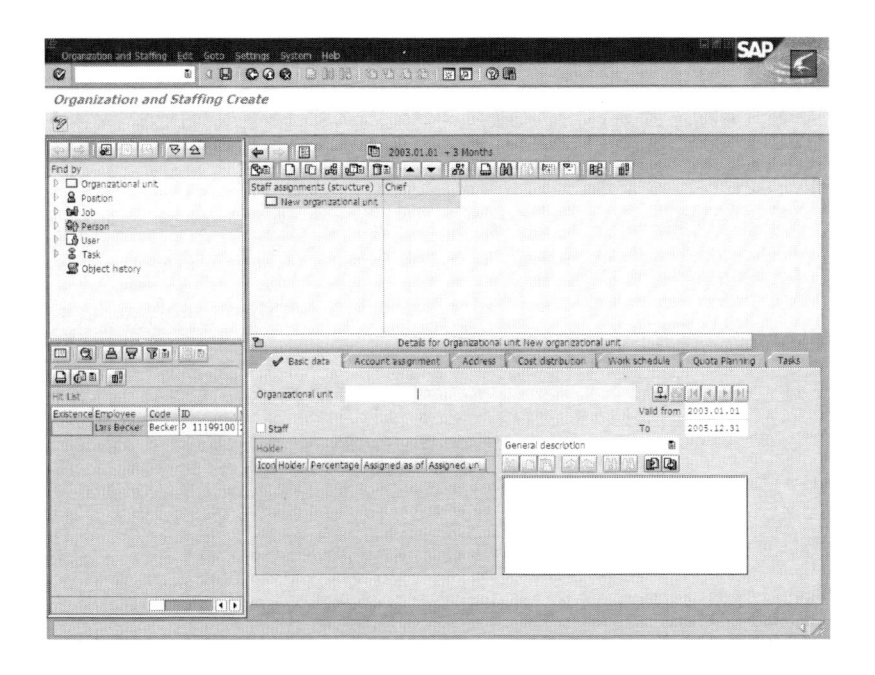

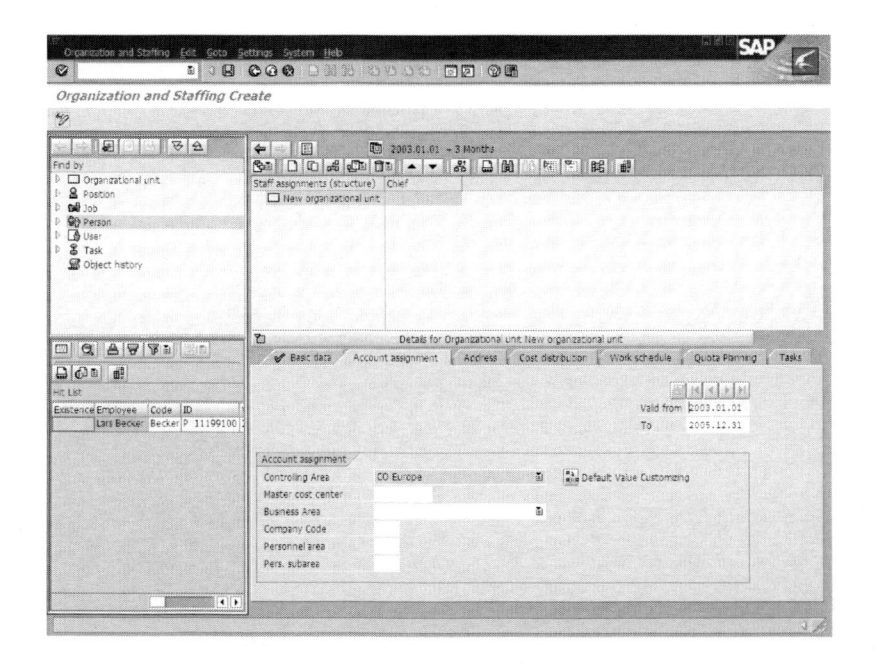

第二章　SAP 人力資源管理的層級結構

4. 新部門建立和維護完畢後存盤，參考如下界面，寫出如何創建該部門之下的職位——部門經理。假設該部門經理職位定義為 OO Head of Department，簡稱為 OO Dept. Mgr，其隸屬的職務定義為 OO Manager。

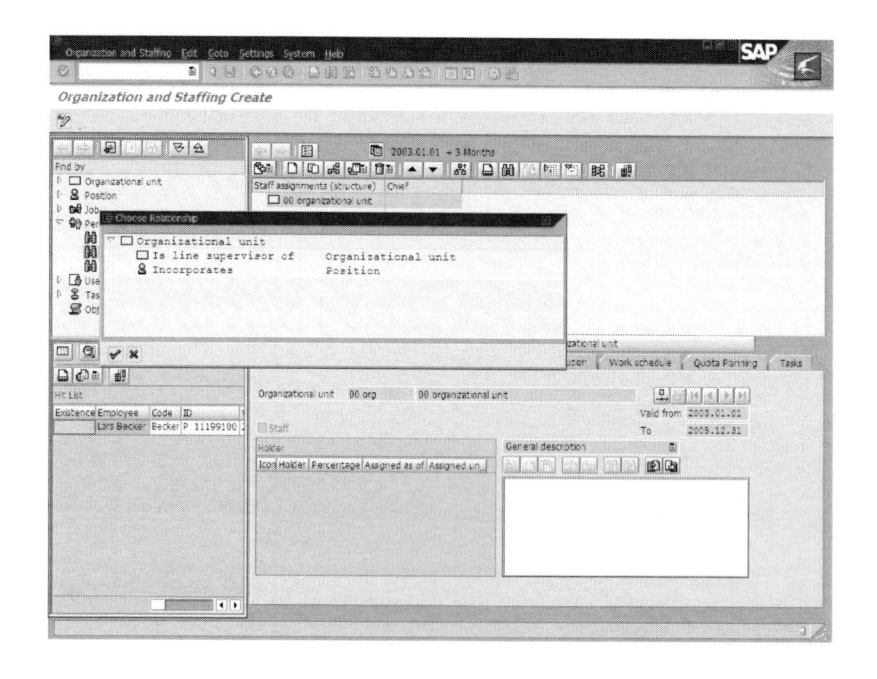

建立部門經理職位的步驟是：_____

_____

_____

5. 如何根據題目要求維護部門經理這個職位？參考如下界面，在必要的地方填寫維護的數據。

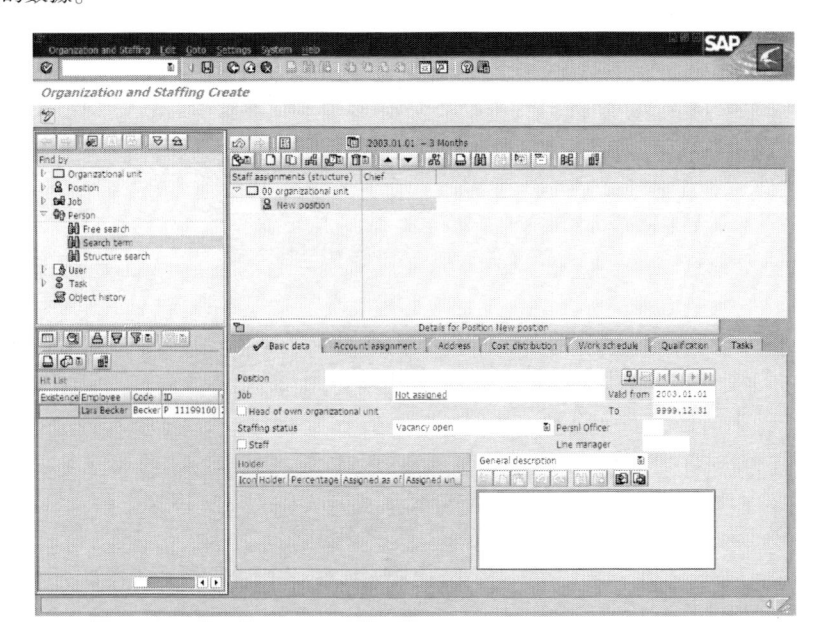

6. 創建和維護新部門下的職位二即部門行政干事的步驟與 1.4 和 1.5 有何差異？

7. 參考如下界面，說明如何找到 Lars Becker（員工代碼為 11991##）。

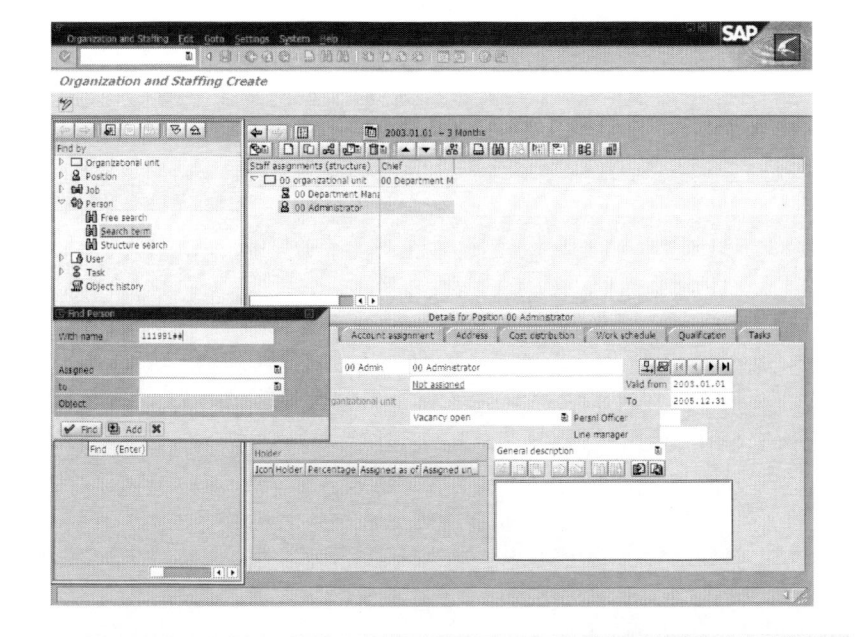

找到 Lars Becker 這個員工的步驟是：_____
_____
_____
_____

8. 記錄下你創建的新部門及其構成（請附上部門、職位和員工的圖標）。

二、請總結出創建一個組織計劃（Organization Plan）的基本流程。

三、請將你在這次實驗課中的收穫記錄下來。
_____
_____
_____
_____
_____

第三章
SAP 員工行政管理（一）

學習目標

　　SAP 員工行政管理是企業人力資源管理中最基本的日常工作，它包括員工主數據的錄入、更改和根據管理需要進行的相關數據維護。員工行政管理的維護方法有三種，即單屏維護、快速錄入和人事事件維護。這三種方法各有其最適合應用的業務場景，本章我們將重點學習單屏維護的使用方法。

學習背景

　　單屏維護是 SAP 員工行政管理中最常用、最基本的一種維護員工信息數據的方法。在人力資源管理實務中，當我們需要查看、錄入、更新、修改某一位員工的信息數據時，我們通常使用 SAP 員工行政管理功能的單屏維護方法。單屏維護的特點是一次維護一位員工（一個代碼）的一個信息類型（infotype）。

學習內容

　　1. 學會使用員工行政管理的搜尋功能，準確快速地找到我們需要進行數據維護的員工。

2. 根據人力資源管理工作的需要，查看員工各類信息類型下的相關記錄。
3. 根據人力資源管理工作的實際情景，創建記錄相關事實的信息類型。
4. 根據人力資源管理工作的實際情景，更改或更新員工的某類信息類型下的相關記錄。

SAP 員工行政管理的維護方法有三種，即單屏維護、快速錄入和人事事件維護。這三種方法各有其最適合應用的業務場景。

一、員工行政管理的三種維護方法

單屏維護（Single Screen/Maintain）：一次維護一位員工的一個信息系類型。這是員工行政管理維護最基本的方法，普遍適用於所有行政管理的情景。

快速錄入（Fast Entry）：一次維護多位員工的同一個信息類型。比如，在發放工資時，一次維護同批次員工的同一種工資數據。快速錄入是一種非常高效的業務處理方法。

人事事件維護（Personnel Actions）：一次維護一位員工的一系列信息類型。比如，新員工入職，需要為該員工創建一系列相關信息數據，人事事件維護是一種非常高效的業務處理方法。

二、信息類型的含義

信息類型（infotyps），是指邏輯數據組，即一個信息類型中包含多個數據。這些數據之間有邏輯關聯性，所以歸於同一個信息類型。信息類型有名稱，也有代碼。

如圖 3-1 所示，員工號為 10099100 的這位員工，列出的信息類型有：組織分配、員工個人信息、地址、基本工資、計劃工作時間五個信息類型。其中信息類型組織分配包含了企業結構、人事結構、組織結構等數據信息。

圖 3-1　信息類型示例

三、單屏維護的操作規則

單屏維護，一次維護一位員工的一個信息類型。在使用單屏維護時，需要確認員工代碼和信息類型的名稱或代碼。

確定所需維護的信息類型，可以在清單中選擇，也可在信息類型項目中輸入信息類型的名稱或代碼。

下面我們通過模擬業務情景，理解信息類型和含義以及單屏維護的操作方法。

實訓練習題

1. 什麼是信息類型（infotype）？
   _____

2. SAP 人力資源管理中，員工行政管理的數據維護有哪些常用的方法？這些方法的區別是什麼？
   _____
   _____
   _____

應用與提高

一、在 SAP 主菜單界面上，將員工行政管理的單屏維護、快速錄入和人事事件維護這三種常用的維護方法，添加到收藏夾（Favorites）中。

1. 你有幾種方法將 SAP 常用功能選項添加到收藏夾中？簡單地記錄下來。
   _____
   _____
   _____
   _____

2. 如何將已添加到收藏夾中的常用功能從收藏夾中刪除？記錄下來你使用的方法。

_____

_____

_____

二、今天我們需要對某個生產部門的幾位員工進行信息數據維護。為了避免重複搜尋員工的工作，我們可以將該生產部門的所有員工保存在單屏維護查詢區的「搜尋變量」中。以後只要我們點擊這個「搜尋變量」，就可以找到該部門中的所有員工。

1. 點擊 main，進入員工行政管理的單屏維護界面，參考如下界面，寫出你找到 ##Production 這個部門的方法和步驟。

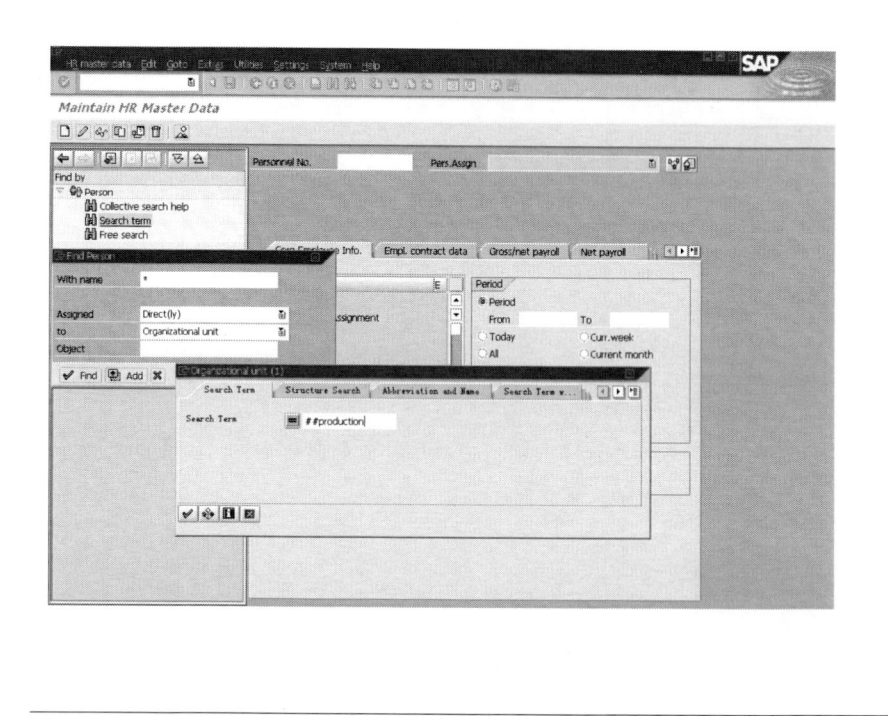

_____

_____

_____

2. 參考如下界面，寫出在單屏維護界面的查詢區添加「搜尋變量」（假設命名為 Chapter 3）的方法和步驟。

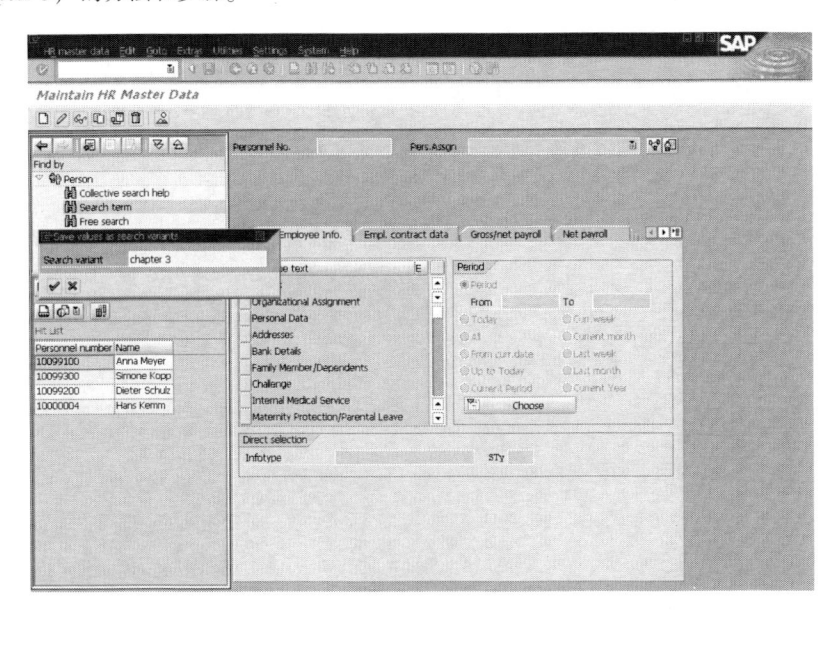

3. 請記錄下來你所查找到的某生產部門所有員工的姓名和員工編號。

三、作為人力資源管理者，你需要查看該生產部門 Dieter Schulz 的時間管理數據——計劃工作時間的安排。

1. 請參考如下界面，寫出你查看 Dieter Schulz 計劃工作時間的方法和步驟。

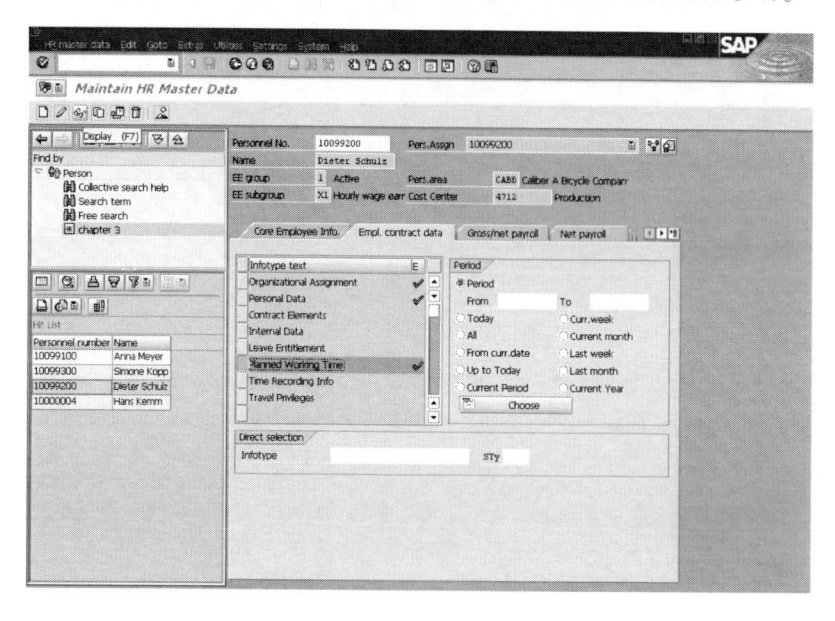

2. 記錄 Dieter Schulz 計劃工作時間的查看結果。

Dieter Schulz 的時間管理狀態是：＿＿＿＿＿＿＿＿＿＿＿＿＿＿＿＿＿＿＿＿

Dieter Schulz 的計劃工作時間規則：＿＿＿＿＿＿＿＿＿＿＿＿＿＿＿＿＿＿

四、如果你是 Anna 和 Dieter 兩位員工的時間管理員（考勤員），你的管理代碼是 G##。請為這兩位員工維護如下時間管理信息：從 2003 年 1 月 1 日起，Anna 和 Dieter 兩位員工的時間管理員（考勤員）的代碼是 G##。

1. 參考如下界面，寫出你進入維護 Anna 時間管理員代碼維護界面的方法。

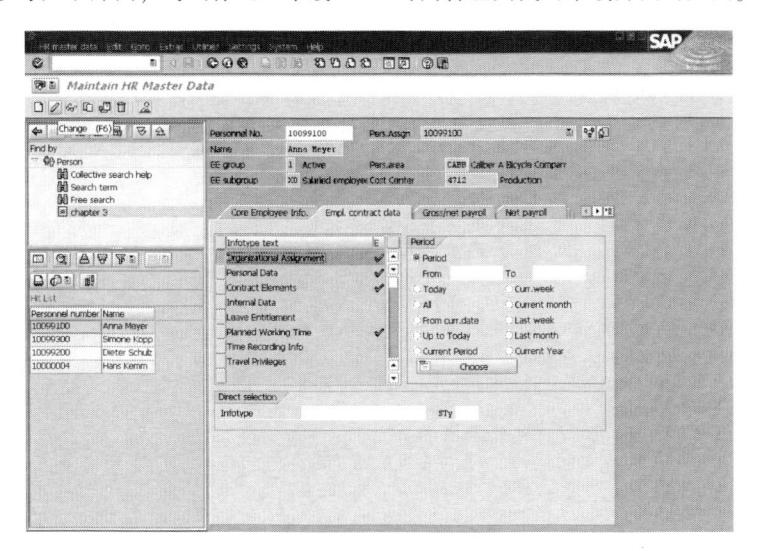

_____
_____
_____

2. 維護完 Anna 的時間管理員代碼數據後，存盤。以同樣的方法進入 Dieter 的時間管理員代碼維護界面中。參考如下界面，在空白處填寫維護過程中必須錄入的數據。

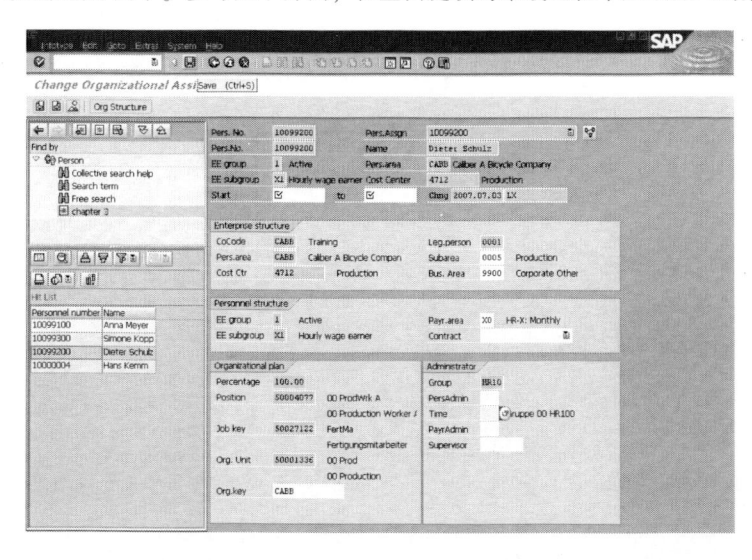

五、今天 Anna 在公司閱覽室借閱了一本圖書，借閱期為四周，請在系統中以信息類型（infotype）——「借物（Objects On Loan）」記錄下來這條信息。

1. 參考如下界面，寫出為記錄 Anna 借閱圖書事件，你是如何找到信息類型「Objects on Loan」的？

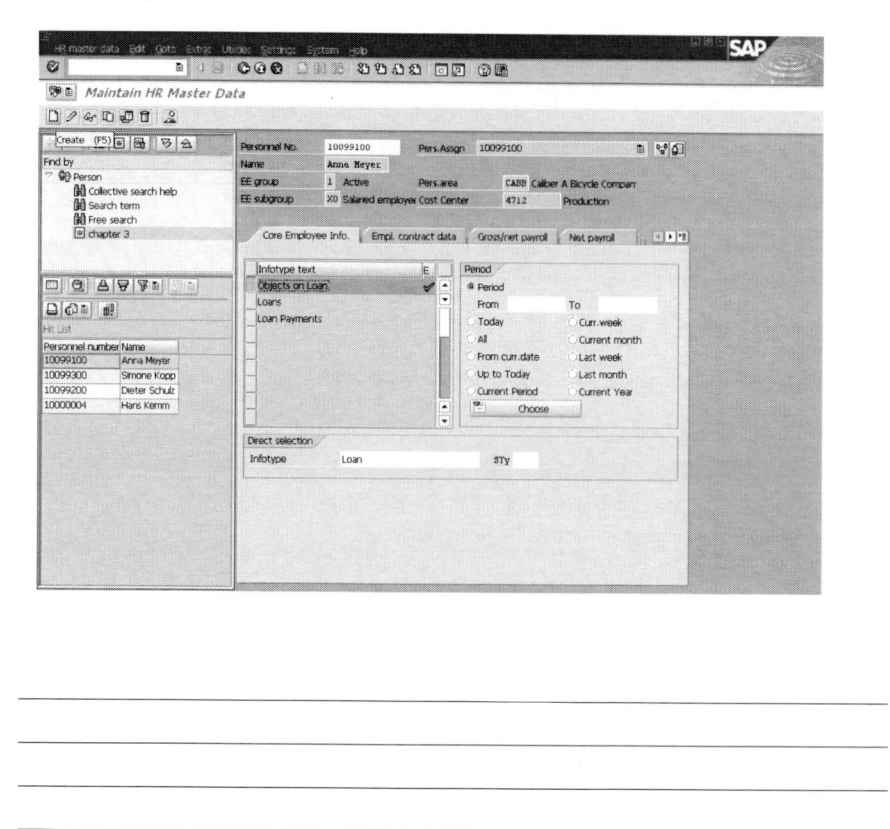

2. 參考如下界面，在空白處填寫維護 Anna 借閱圖書事件必須錄入的數據。

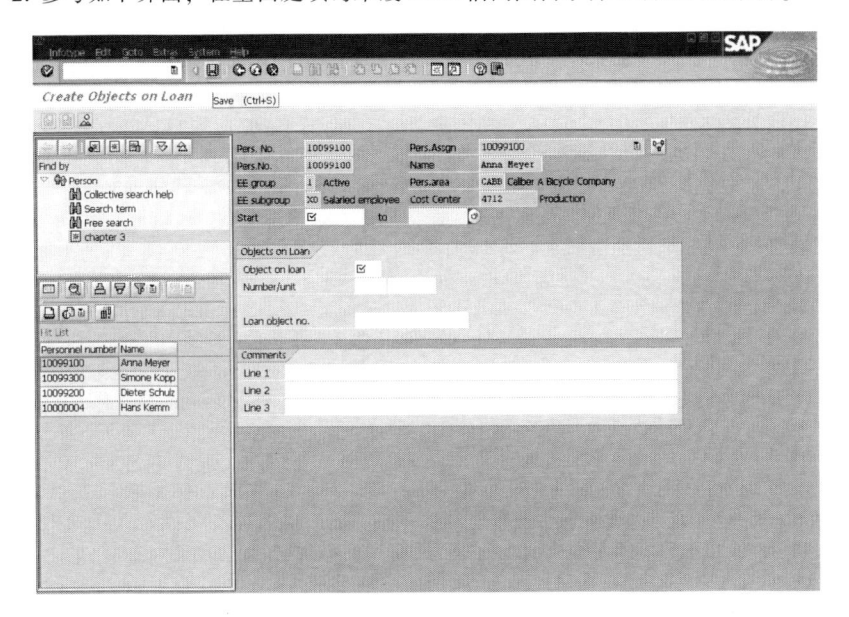

六、今天你在工作過程中，發現員工 Anna 的住址信息記錄有誤，請將 Anna 的住址信息更改為 9750 Lilly Lane。

1. 參考如下界面，寫出修改 Anna 住址信息的方法。

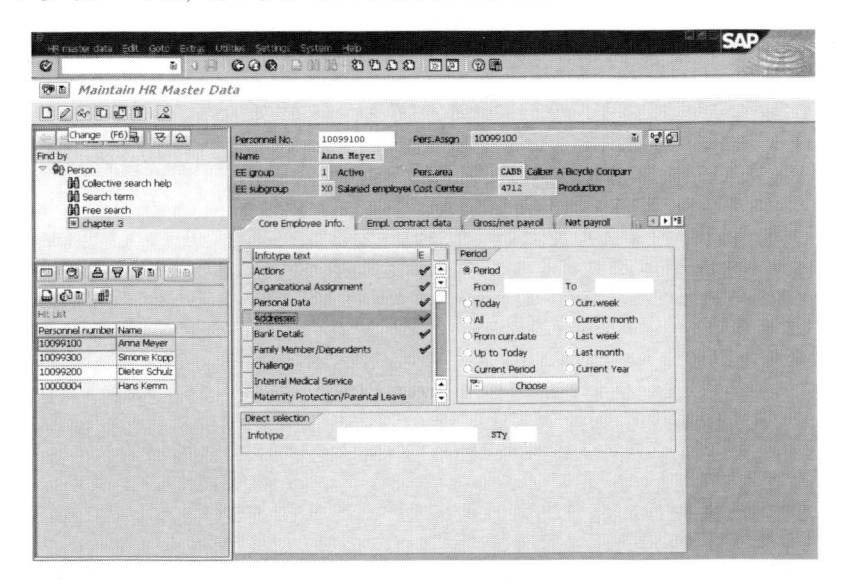

2. 如下界面是員工 Anna 當前的住址信息，請寫下需要更改的內容。

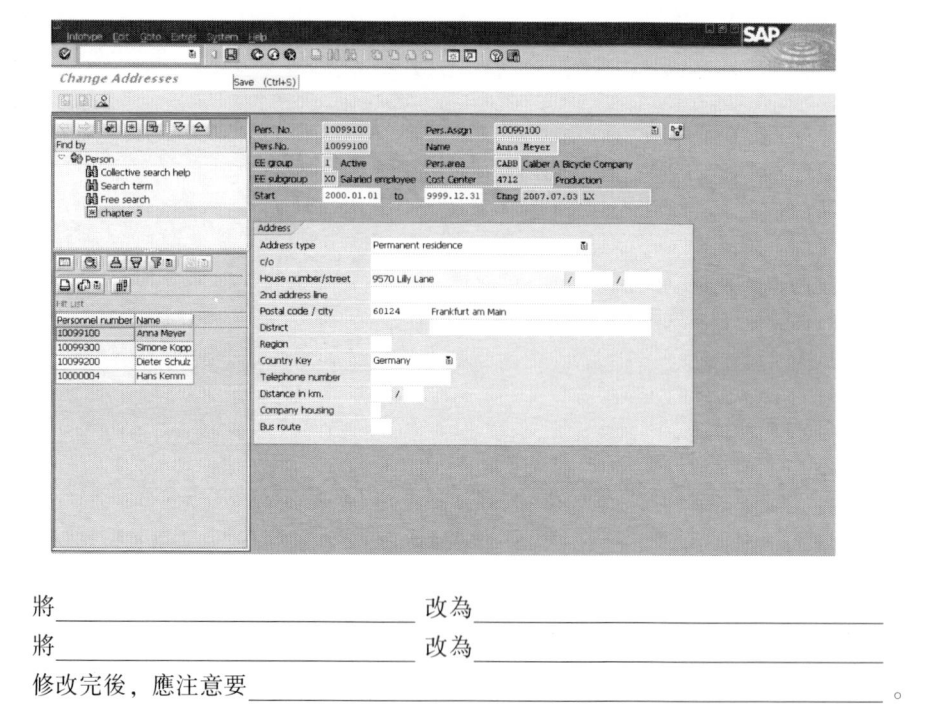

將_____改為_____
將_____改為_____
修改完後，應注意要_____。

七、員工 Simone 從 2003 年 1 月 1 日開始，每月將獲得 200 歐元的獎金，請為 Simone 維護這條信息。(提示：獎金的工資類型代碼是 M230)。

1. 參考如下界面，寫出進入維護員工 Simone 獎金數據界面的方法。

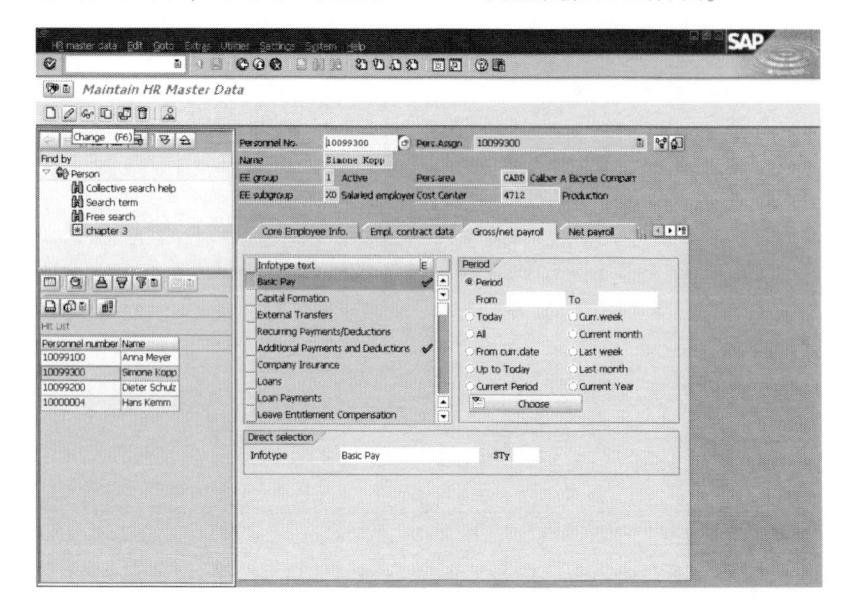

2. 請在如下界面中填寫維護 Simone 獎金數據的必要項目。

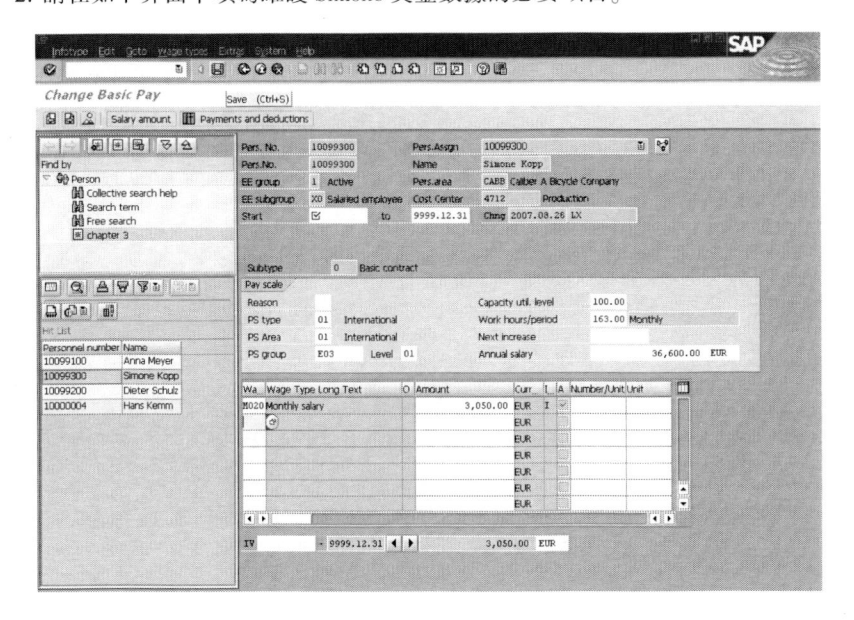

八、請將你在本次實驗課中的收穫記錄下來。

第四章
SAP 員工行政管理（二）

學習目標

　　在學習了 SAP 員工行政管理最基本的單屏維護後，本章將向各位初學者介紹 SAP 員工行政管理的快速錄入和人事事件的維護方法。這是兩種高效的信息維護方法：當我們在工作中遇到需批量新建或修改數據的時候，快速錄入的維護方法可讓我們的工作事半功倍；當我們在工作中需要快速錄入新員工的核心主數據時，人事事件的維護方法能大大提高我們的工作效率。相信通過本章的學習，你會對 SAP 員工行政管理的應用技能更加得心應手！

學習背景

　　快速錄入的維護方法可以一次維護多個員工的同一個信息類型，因此它常被用在人力資源的薪酬管理中。當某個部門或某個（分）公司對所有員工進行薪酬調整的時候，我們使用快速錄入的方法可以完成一次性批量維護的工作。人事事件的維護方法在對員工職位調整或新員工錄用時，可一次性完成若干核心信息類型的維護工作。

第四章 SAP 員工行政管理（2）

學習內容

1. 應用快速錄入的方法維護多個員工薪酬調整的數據。
2. 應用快速錄入的方法維護某部門所有員工薪酬調整的數據。
3. 應用人事事件的方法維護某位員工職位調整後的信息更新。

上一章我們學習了員工行政管理的維護方法有三種，即單屏維護、快速錄入和人事事件維護，並通過業務情景操作掌握了單屏維護的使用方法，本章我們學習「快速錄入」和「人事事件」的操作方法。

一、快速錄入法的使用情景

快速錄入法的特徵是一次維護多位員工的同一個信息類型，是一種批量完成人員管理的高效方法。快速錄入法常用的業務情景有兩種：

情景1：不同員工在不同時間獲得不同金額的獎金，選擇統一時間，批量維護。比如每天可能有不同員工發生在不同時間段的加班數據，如果發生一次記錄一次，工作過於繁雜，管理者會選擇統一時間點，批量維護這些員工的加班津貼核算。

情景2：同部門的員工，在相同時間獲得相同金額的獎金，使用快速錄入法批量完成。比如節日慰問津貼，由於不同部門的業務分工不同，創收能力不同，慰問津貼的金額有差異，但是同一部門的所有員工，無論工齡長短，職務高低，通常節日慰問津貼金額都是一致的，這時運用快速錄入法完成業務會非常便捷。

二、人事事件法的使用情景

人事事件是一次維護一位員工的一系列信息類型。這一系列信息類型通常為：事件類型（Actions）、個人信息（Personal Data）、組織分配（Organizational Assignment）、地址信息（Addresses）、計劃工作時間（Planned Working Time）、基本工資（Basic Pay）、銀行帳戶信息（Bank Details）、帶薪休假缺勤配額（Absence Quotas）等。

使用人事事件法，首先需要確定員工代碼、時間。老員工用內部人員員工代碼，新員工用應聘者代碼。之後選擇業務類型，如新員工入職、職位調動、員工離職、員工退休、薪資調整等業務類型。不同業務類型使用的信息類型數量有所不同，通過「執行鍵」來啓動一系列信息類型按順序維護。

下面，我們通過一些練習題，來體驗本章的相關學習內容。

實訓練習題

1. 快速錄入（Fast Entry）方法有哪兩種適用的業務情景？

___

2. 人事事件（Personnel Action）的維護方法，包含了哪些核心的人事事件更新？

___

應用與提高

一、假設今天是 2003 年 3 月 1 日，你作為薪酬主管，今天需要錄入三名員工的獎金信息。獎金（Bonus）的工資類型代碼是 5000。這三名員工獲得的獎金分別為：

Anna（100991＃＃）獲得 500 歐元；Dieter（100992＃＃）獲得 300 歐元；Kopp（100993##）獲得 200 歐元。

1. 點擊主菜單界面收藏夾中的 Fast Entry，進入「快速錄入」的界面。參考如下界面，填寫必須錄入的選項。

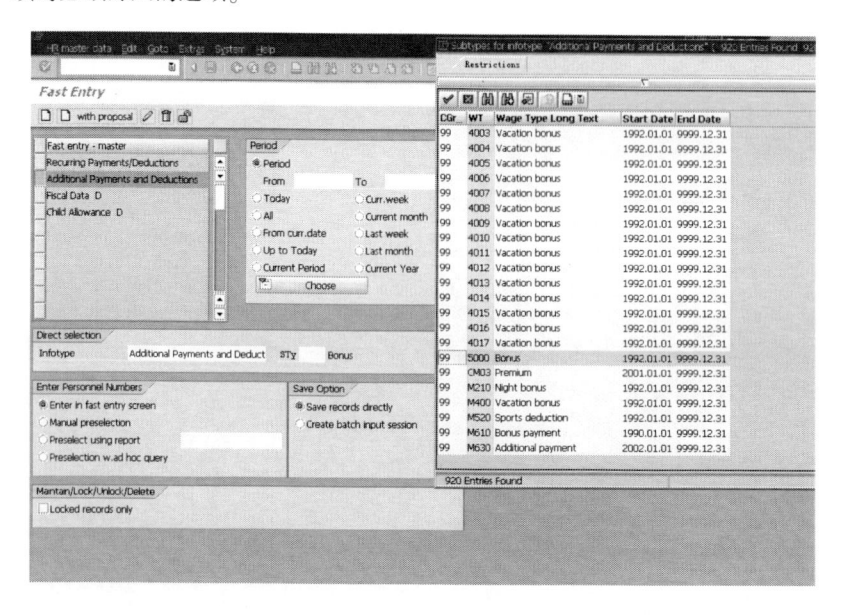

第四章 SAP 員工行政管理（2）

2. 參考如下界面，填寫維護這三名員工獎金信息所必須錄入的項目。

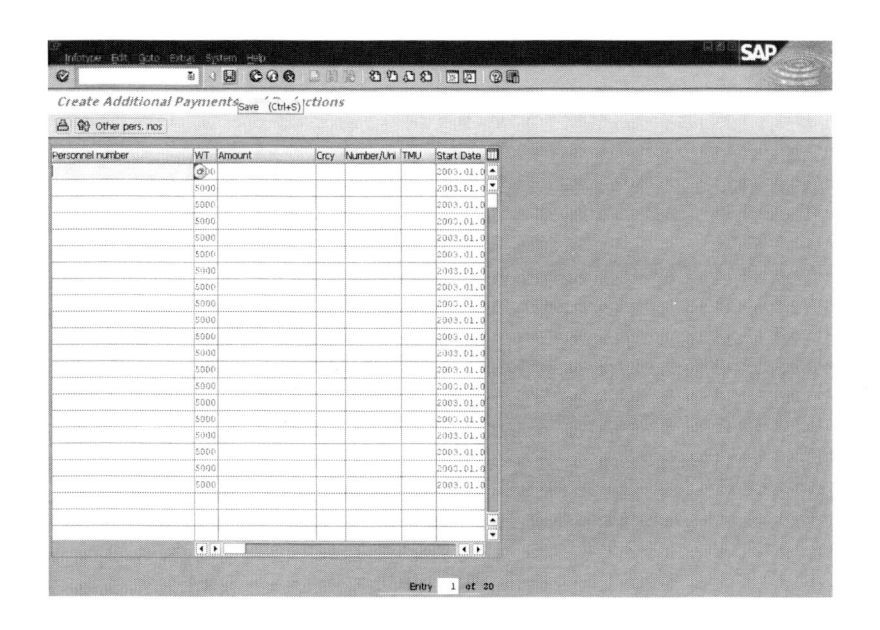

3. 請如實記錄下來你的維護結果：

Personnel number	WT	Amount	Crcy	Start Date

二、假設今天是 2003 年 3 月 1 日，某董事會（## Executive Board）之下的所有成員從今天開始每人每月增加 150 歐元的獎金，請記錄此信息。

1. 參考如下界面，填寫為了維護題目要求信息所必須填寫的項目。

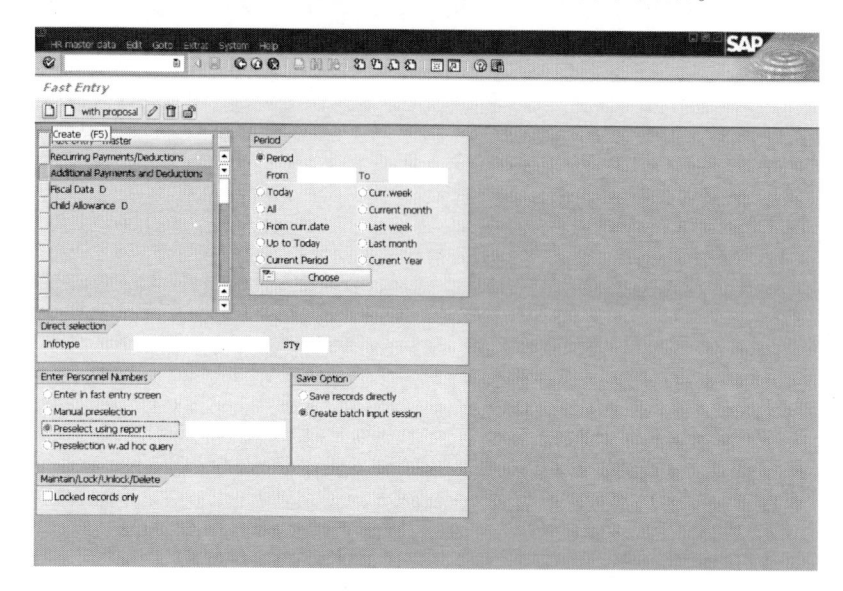

2. 本題情景的快速錄入法和題目一情景中的快速錄入法在操作上的主要區別是：

_____

_____

3. 參考如下界面，寫出你找到該董事會的路徑。

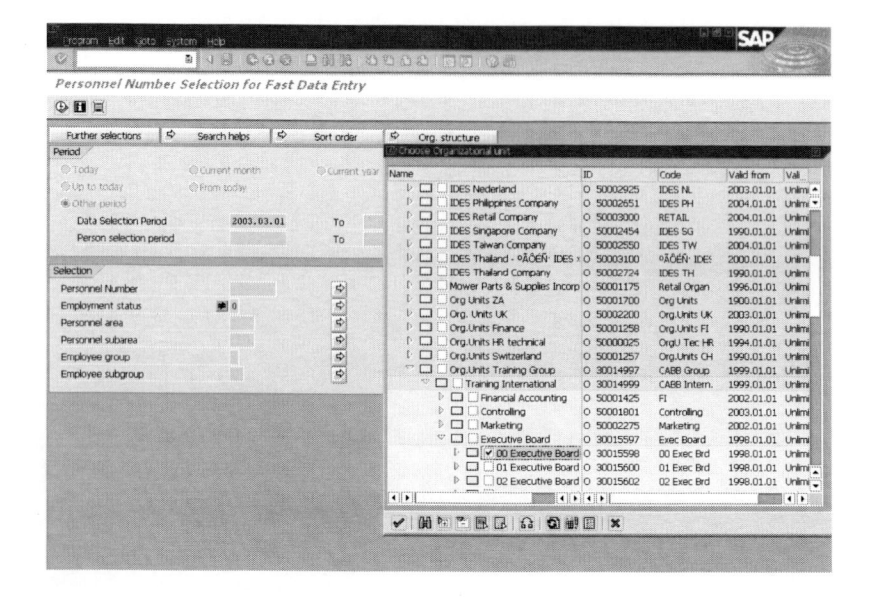

第四章　SAP 員工行政管理（2）

———————————————————————————
———————————————————————————
———————————————————————————

點擊執行鍵後，你發現該董事會下共有_____名員工。

4. 請填寫如下界面的空白處，通過快速錄入法完成該部門員工薪酬調整的工作。

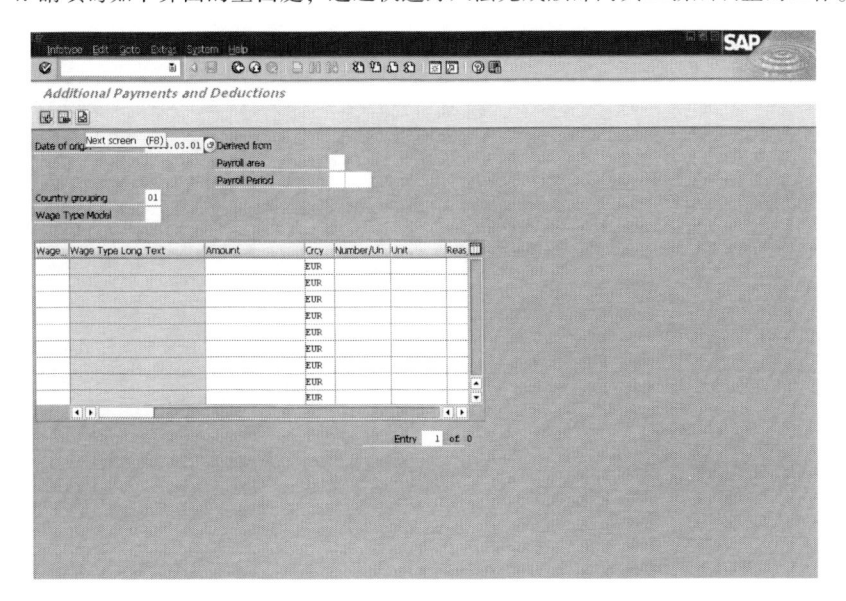

5. 在如下界面中，填寫你需要維護的項目數據。

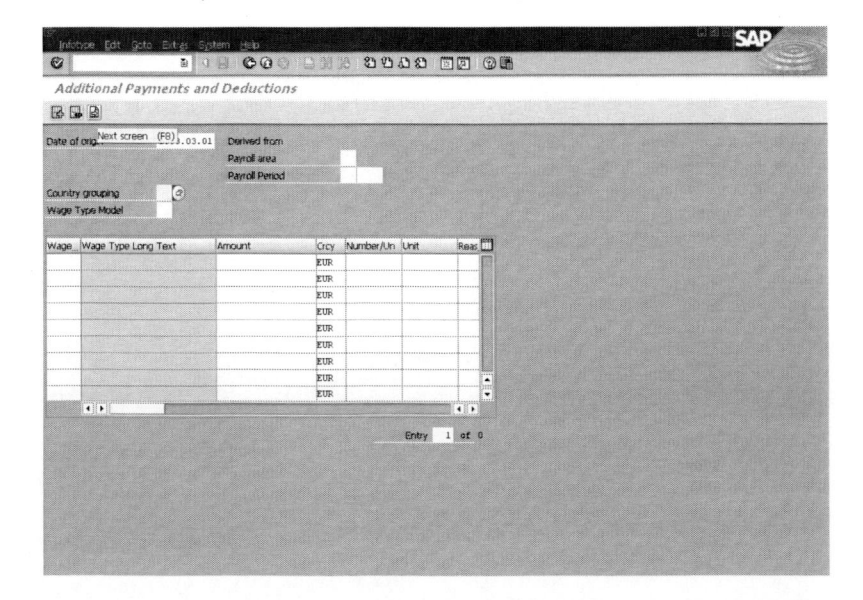

— 037 —

6. 請查看剛才通過快速錄入法維護的某部門薪酬調整的結果。參考如下界面，說明完成上述要求的方法。

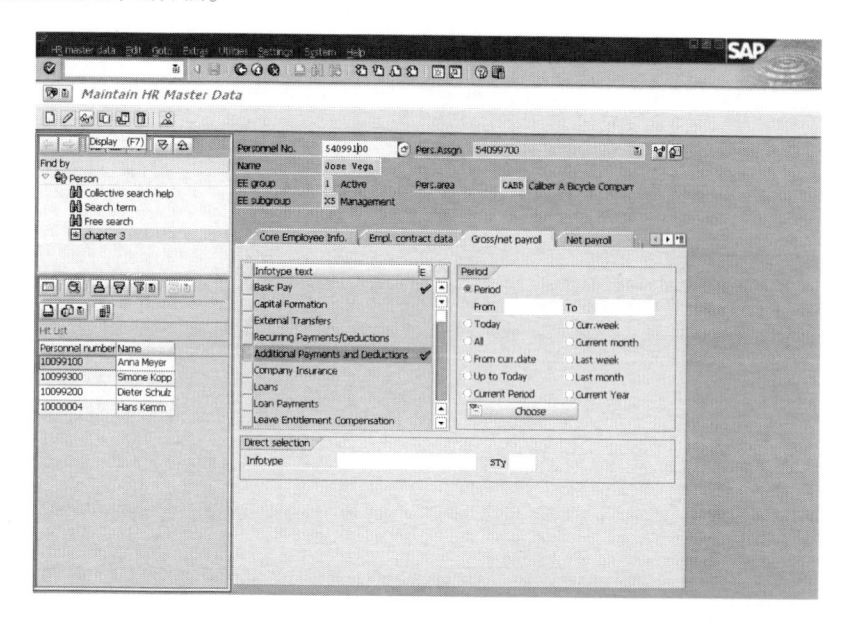

_____
_____
_____

7. 根據你查看的結果，請填寫如下信息：

Pers. No. _____   Name _____

Wage Type _____   Chng _____

Amount _____   Date of Origin _____

三、假設員工 Simone Kopp（員工編號為 100993##）從今年 1 月 1 日起調到一個新部門——某高級生產設計部門（## Senior Product Designer）。請運用員工事件的維護方法，為維護職位調換的信息。這裡需要維護的信息有：

（1）對員工 Simone Kopp 的原職位不創建職位空缺；

（2）員工 Simone Kopp 的計劃工作時間不變；

（3）員工 Simone Kopp 的基本工資信息需要做調整，新職位的工資範圍組代碼為 E03，工資範圍水準代碼為 01。

第四章　SAP 員工行政管理（2）

1. 在 SAP 主菜單界面中，進入人事事件維護界面，之後參考如下界面，填寫必須錄入的信息。

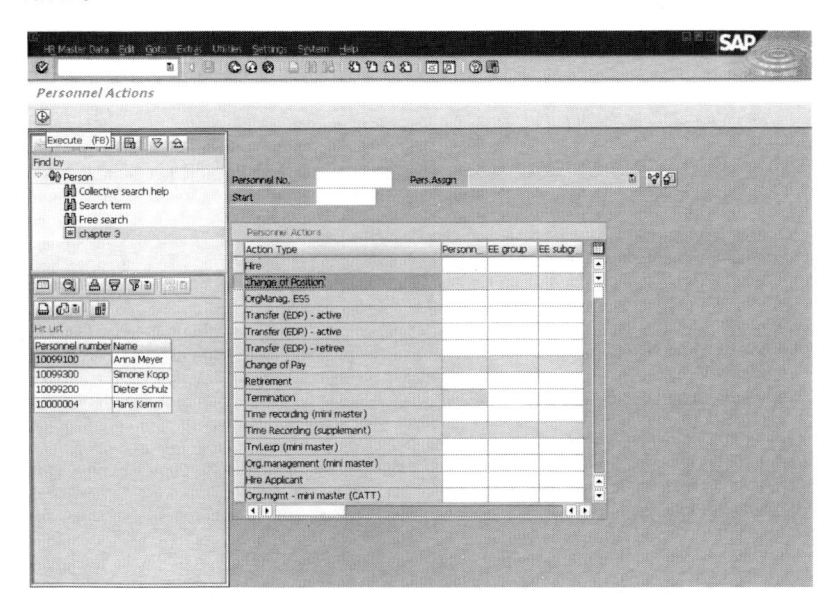

2. 參考如下界面，填寫員工 Simone Kopp 職位調換所必須錄入的信息。

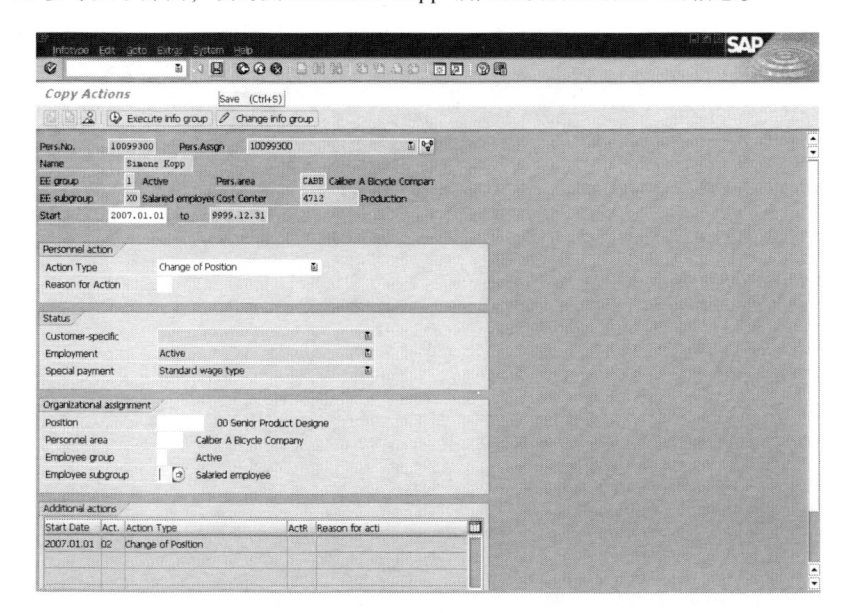

— 039 —

3. 員工 Simone Kopp 的工作時間控制（Work Schedule Rule）和時間管理狀態（Time Management Status）分別是什麼？

4. 參考如下界面，在必要的空白處填寫員工 Simone Kopp 調換職位後的薪酬變動。

五、請將你在這次實驗課上的收穫記錄下來。

第五章
SAP 招聘工作的實施

學習背景

　　從本章開始，我們將按照人力資源管理的職能，分模塊給大家介紹人力資源管理各項工作在 SAP 人力資源管理系統中的實現。招聘是人力資源管理部門的一項基本日常工作，招聘工作的科學與否，直接決定了企業人力資源的潛質發揮與企業發展。SAP 人力資源管理的招聘模塊設計精密，從招聘廣告的媒體選擇及招聘成本與收益比較、應聘者個人基本信息和任職素質的維護、組織應聘者參加面試，到給應聘者發送回信、邀請其面試、製作和簽署合同、正式錄用應聘者的每一個環節，SAP 都為我們設計了科學、合理、高效的工作流程。相信通過本章的學習，你不僅能夠學會使用 SAP 人力資源管理的招聘模塊在企業中實施招聘，還可以成為一名專業的招聘專員。

學習目標

　　通過本章的學習與操作，你將掌握 SAP 人力資源管理的招聘流程理念，學會運用 SAP 人力資源管理的招聘模塊為空缺職位創建合適的招聘廣告；為應聘者創建應聘檔案、發送面試邀請、製作勞動合同；隨時查看系統自動生成的各類與應聘者應聘流程對應的文本文件；成功地將應聘者信息根據企業招聘需要轉化為員工信息，圓滿、高效地完成招聘工作。

學習內容

1. 學會為空缺職位創建招聘廣告。
2. 能夠運用 SAP 人力資源管理的招聘模塊為應聘者創建檔案。
3. 學會查看 SAP 人力資源管理招聘模塊為應聘者發送的各類回復或預約電郵。
4. 能夠運用 SAP 人力資源管理招聘模塊向應聘者發送面試邀請函。
5. 能夠運用 SAP 人力資源管理招聘模塊為通過面試的應聘者創建勞動合同。
6. 應聘者與企業簽署勞動合同後，能在 SAP 人力資源管理系統中將應聘者個人信息及時轉換為員工信息。

招聘信息化管理是一套設計精良的流程型工作，為此，SAP 招聘管理設計了科學、高效的招聘「六步工作法」，即發現空缺職位──→發布招聘廣告──→自動篩選簡歷──→組織面試──→簽署勞動合同──→將應聘者數據轉化為員工數據。

一、發現空缺職位

招聘源自職位需求，存在空缺職位 Vacancy，是招聘工作的基本前提。

通常空缺職位的信息收集來源於組織內所有業務部門的上報，人力資源部不僅需要收集各部門的空缺職位信息，更要收集這些部門對空缺職位人員的素質要求，這不僅是發布招聘廣告的核心內容，更是提升招聘效率和質量的基礎。

二、發布招聘廣告

招聘廣告的發布渠道多種多樣，如職業介紹所（Employment office）、獵頭公司（Recruitment Consultant）、報刊等大眾媒體（Press）、網絡招聘（internet）等。不同廣告渠道的成本、時效性、適用的崗位區別很大。比如：

職業介紹所通常面向基層崗位，成本較低甚至沒有成本，招聘人員當場可以與應聘者見面交流，時效性較強。

獵頭公司常用於招聘高端技術專家或高級管理人才，成本很高，通常是按應聘者年薪作為提成付給獵頭公司，這種招聘渠道需要一定的招聘時間。

報刊等大眾傳播媒體，成本按版面和字數計價，社會宣傳效應強，不僅有招聘廣告的作用，還有宣傳公司的作用。

網絡招聘有免費發布的平臺和渠道，也有付費發布的平臺和渠道，信息傳播廣泛，發布時間相對靈活，成本控制也較為靈活。

三、自動篩選簡歷

招聘廣告發布後，社會應聘者會紛紛按照招聘廣告的要求投遞簡歷。格式符合要求的簡歷會被自動導入人力資源管理信息系統；格式不符合要求的簡歷會失效。人力資源管理信息系統會將簡歷分兩步導入數據庫。

第一步是基礎數據的錄入。基礎數據主要有應聘者姓名、聯繫方式、住址、求職意向職位等信息。

第二步是附加數據的錄入。附加數據主要有應聘者的任職素質、教育背景、工作經歷等信息。將簡歷數據導入之後，管理信息系統會根據事先設定的標準自動篩選簡歷。

比如職位需求與應聘者的求職意向是否匹配；有沒有性別、年齡、專業、地域限制；有沒有需要提供證書或證明材料的原件等要求。這些要求在招聘廣告中應該明示，同時在管理信息系統中也應事先做好設置。

四、組織面試

管理信息系統自動篩選簡歷後，人力資源部會進一步通過形式多樣的面試，對應聘者的任職素質和勝任力進行深入考察。

面試工作的個性化和專業化要求很高，軟件不能替代人的工作。因此需要人力資源管理招聘專員充分應用人才素質測評的相關知識和工具，設計並組織專業化的個性面試、筆試，從而選拔出最合適的應聘者。

五、簽訂勞動合同

為了保障勞動合同符合各國的勞動合同法，SAP 人力資源管理信息系統集成了世界各主要國家的勞動合同模板，只要選擇自己所在國家的勞動合同模板，根據組織用工安排的特殊性適度修訂，一份規範的勞動合同即可輕鬆擬定。

六、將應聘者數據轉換為員工數據

與應聘者簽署勞動合同後，在管理信息系統中需要將應聘者數據轉換為員工數據，這是人力資源管理信息系統所特有的要求。

應聘者數據在簽署完勞動合同後，系統會根據應聘者入職時間，將應聘者數據轉化為員工數據，我們再結合上一章學過的人事事件法，快捷生成應聘者的系列行政管理數據，招聘工作至此圓滿完成。

在招聘管理「六步工作法」中，我們還需要注意以下兩個細節：

細節一：招聘工作開展與推進是一段時間的工作。在這段時間裡，應聘者狀態隨招聘進度推進，系統會以不同的狀態來標示其處於的招聘階段。

如圖 5-1 所示，招聘狀態在管理信息系統中有：
In process：表示簡歷篩選階段。
Invite：表示邀請應聘者面試階段。
Offer：表示邀請應聘者簽訂勞動合同階段。
Rejected：表示應聘者落選。管理者會把落選的應聘者數據收藏在人才數據庫中，以備人員替補和後期招聘參考。
To be hired：表示錄用。

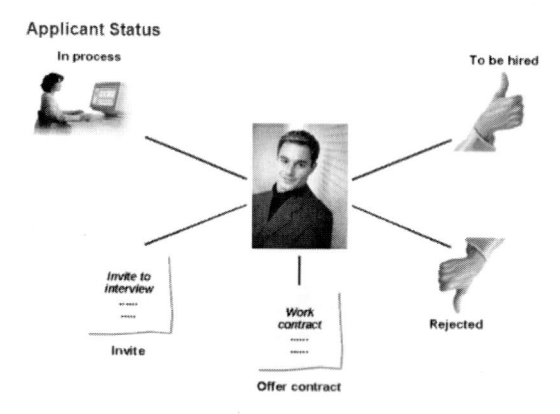

圖 5-1 招聘狀態

細節二：招聘工作是組織的窗口業務之一，時時處處體現了組織的管理能力。招聘信息化管理，通常會設置自動回復郵件的功能，回復時間通常為業務時間節點的當天零點，以保證應聘者第一時間收到規範、權威的組織回復，這有利於提升組織管理形象。

下面，我們通過一些練習題，來體驗招聘信息化管理的「六步工作法」，需注意招聘工作的過程控制和窗口形象樹立，以提高招聘管理工作的專業水準。

實訓練習題

1. SAP 人力資源管理中的招聘流程是什麼？

2. 在 SAP R/3 系統中，實現員工招聘，可以有哪兩種方法？這兩種方法的主要區別是什麼？

應用與提高

請參考如下某公司組織結構圖，找到目前組織中的空缺職位，利用 SAP 人力資源管理中的招聘模塊，為該空缺職位組織一次招聘活動。

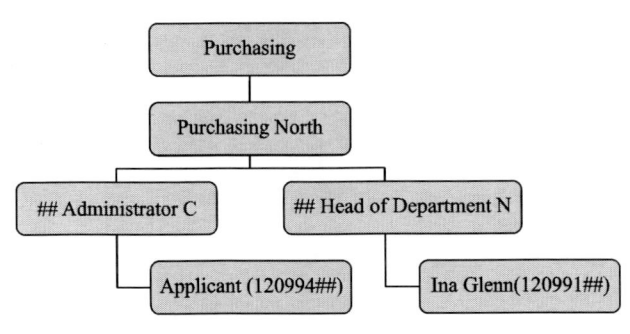

某公司組織結構圖

一、請為該部門的空缺職位創建一則招聘廣告。

1. 請參考如下界面，將創建招聘廣告的路徑記錄下來。

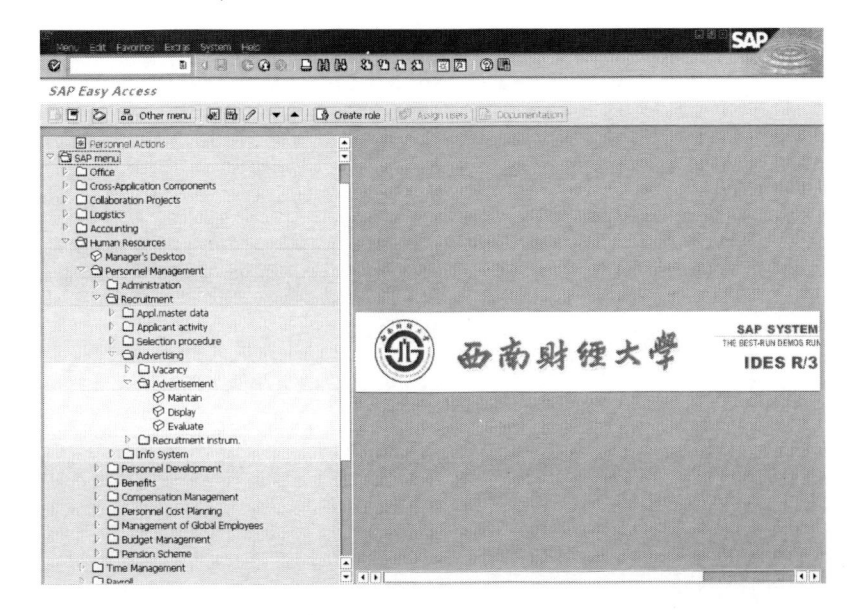

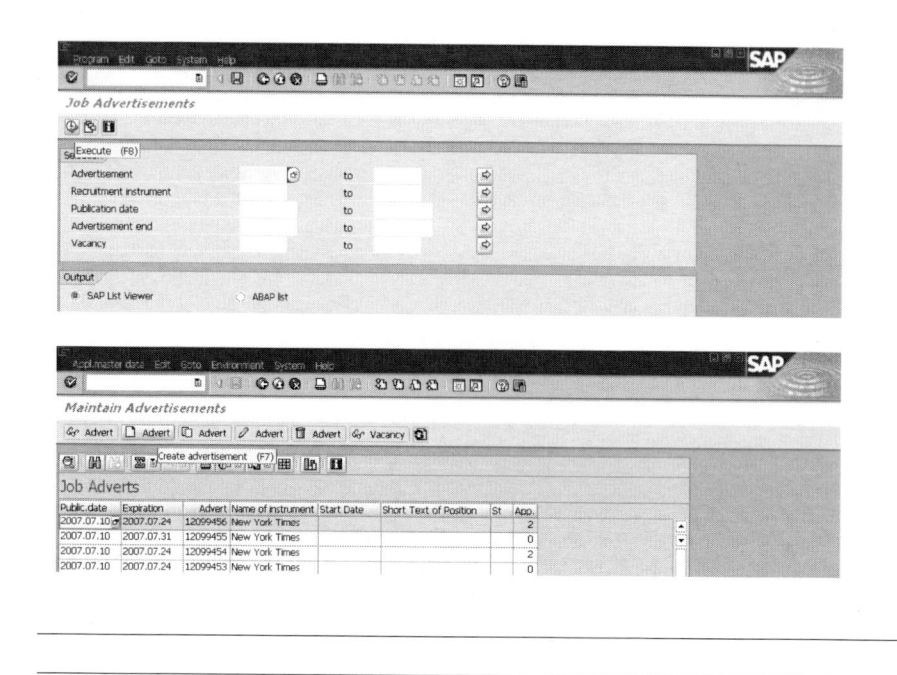

2. 請在如下界面的空白處填寫創建招聘廣告的必要信息。

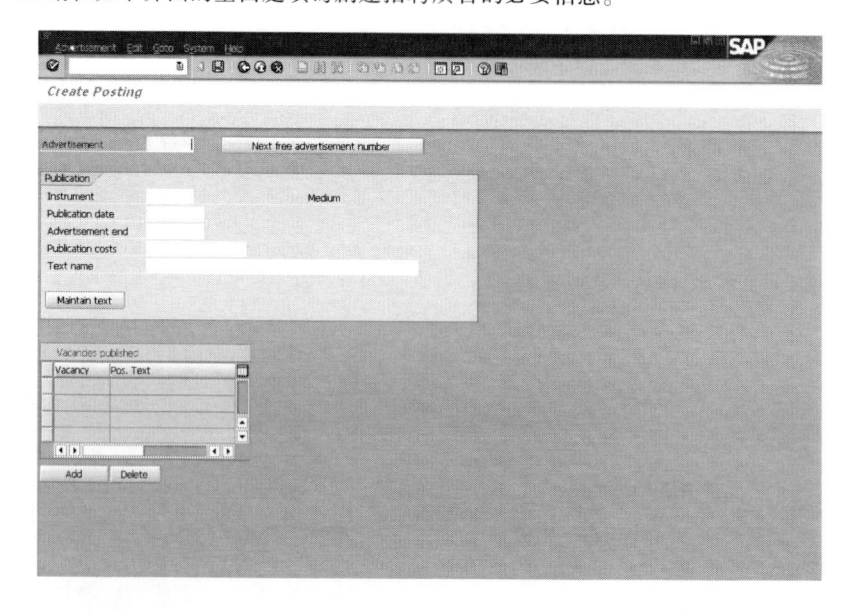

二、招聘廣告發布之後，你要為應聘者錄入個人基本信息。某應聘者的個人基本信息包括：應聘職位是##Purchasing North；部門之下的空缺職位是##Administrator C；人事範圍是 CABB；人事子範圍是 Purchasing；應聘者組是外部在職（Active External）；應聘

者範圍是年薪制員工（Salaried Employees）；應聘者語言是德語；應聘者姓名、人事主管、生日、地址數據可以根據自己的偏好來擬寫。

1. 參考如下界面，寫出錄入應聘者個人基本信息的路徑。

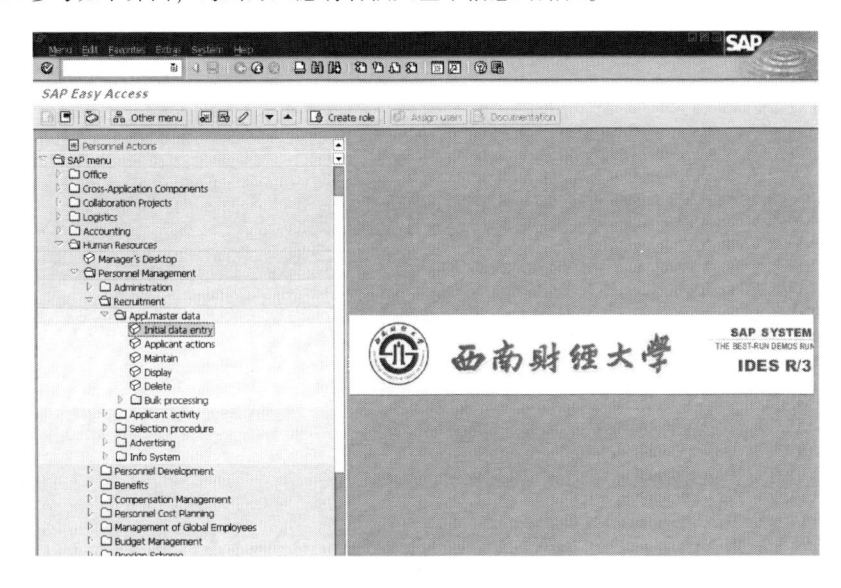

2. 請在如下界面中填寫維護應聘者基本信息的必要數據。

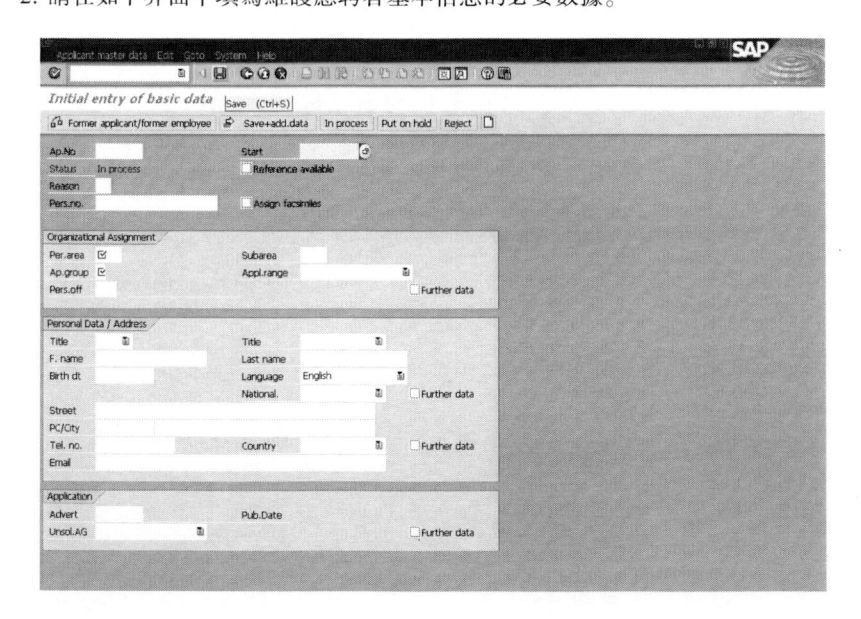

3. 錄入應聘者的基本信息後存盤，系統顯示的該應聘者的應聘狀態是：_____
_____。

三、上題中維護的應聘者，具有西班牙語和英語兩種外語的任職素質，請該應聘者維護他的任職素質信息。

1. 參考如下界面，將為應聘者維護任職素質信息的路徑記錄下來。

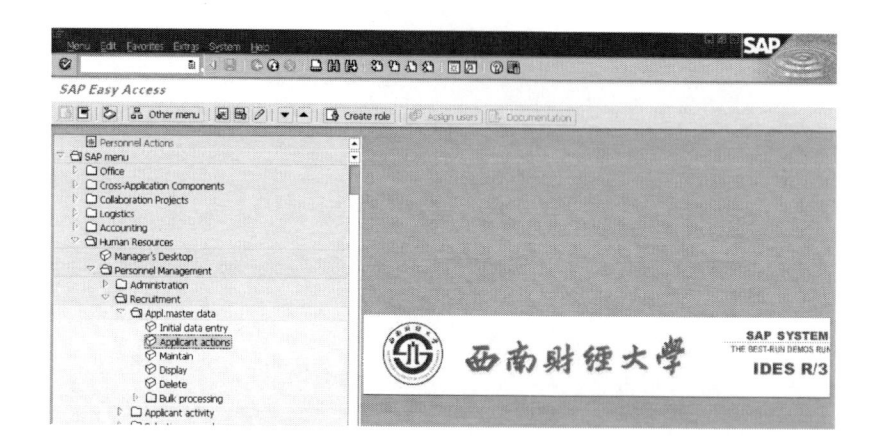

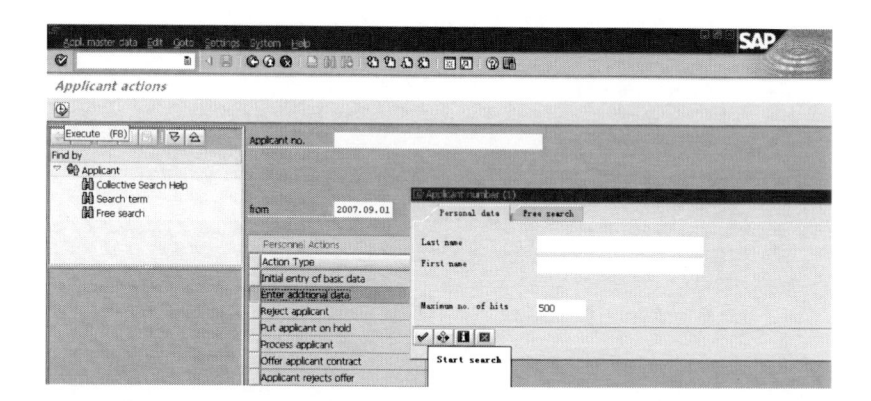

第五章　SAP 招聘工作的實施

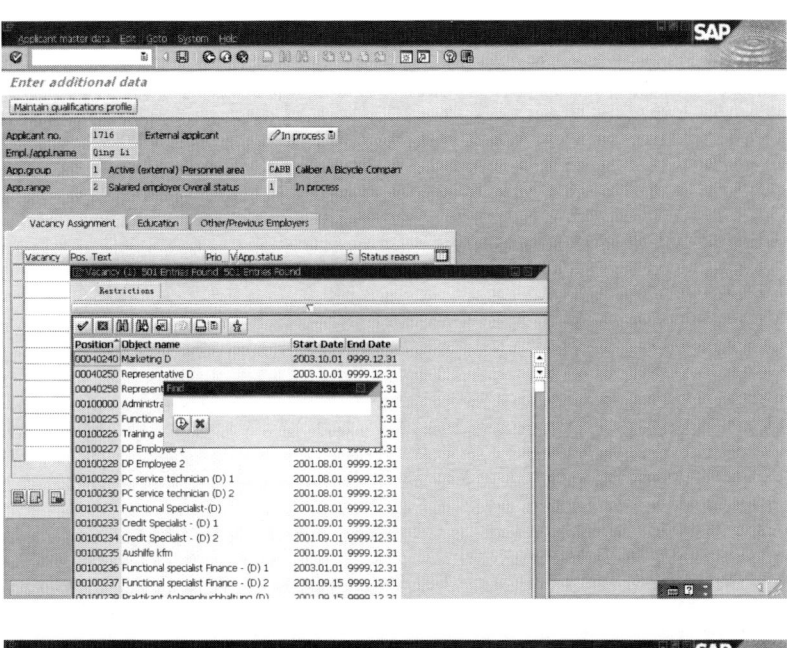

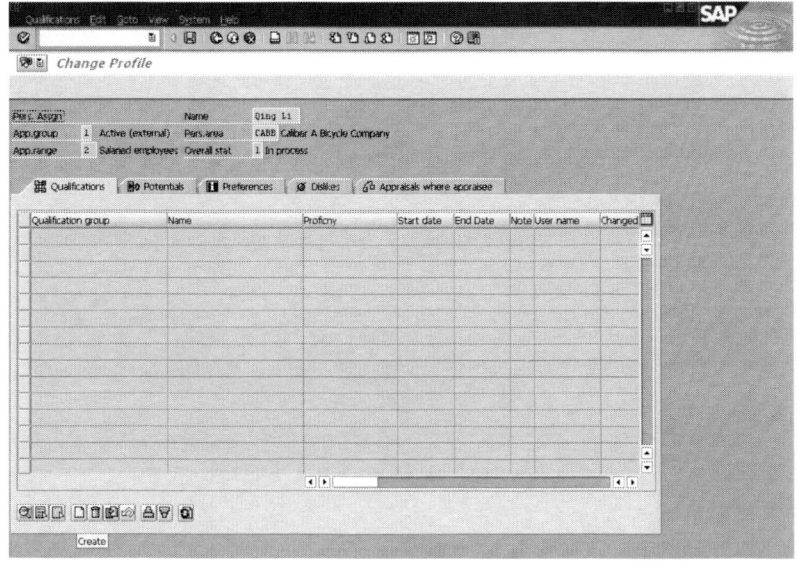

2. 請在如下界面的空白處填寫你錄入的語言水準。

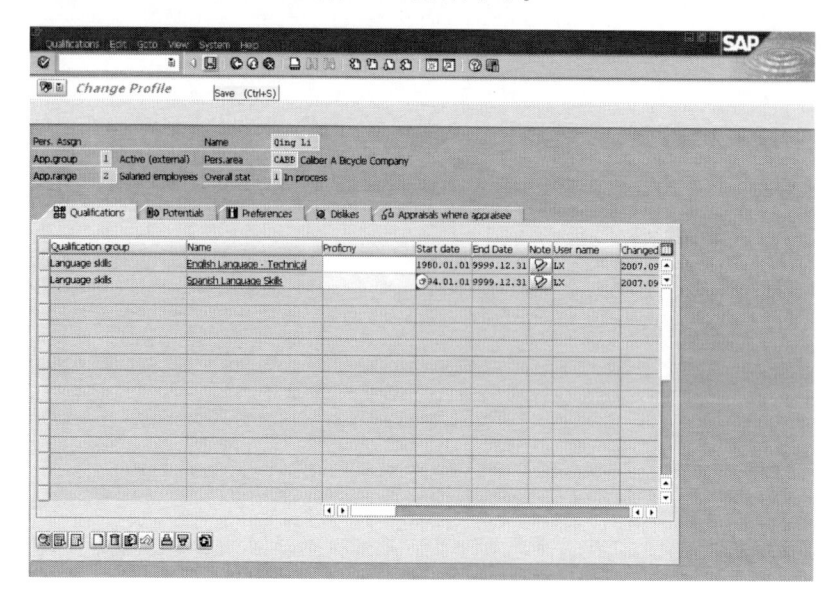

四、請在 SAP 人力資源管理的招聘模塊中查看系統記錄了應聘者信息後，自動為應聘者生成的回復郵件。

1. 參考如下界面，寫出查看回復郵件的路徑。

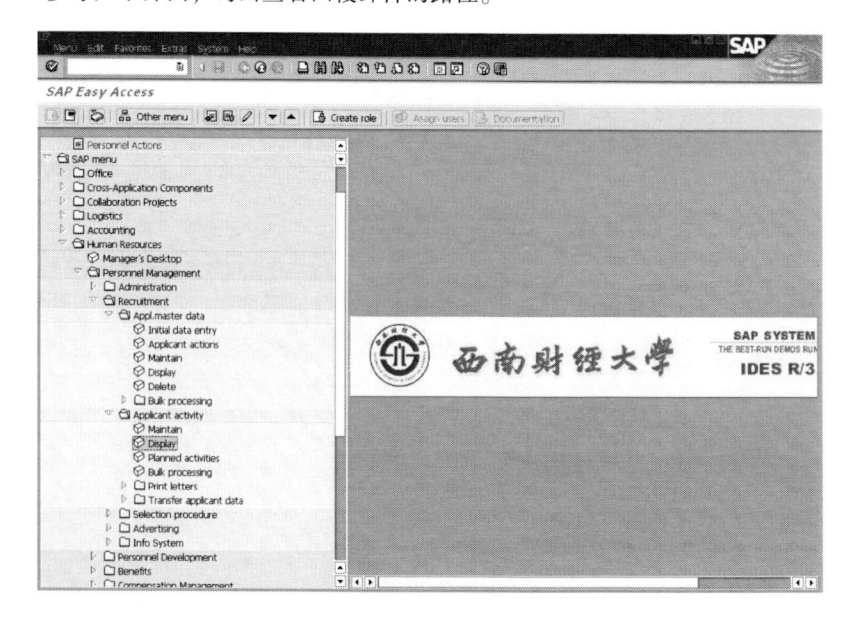

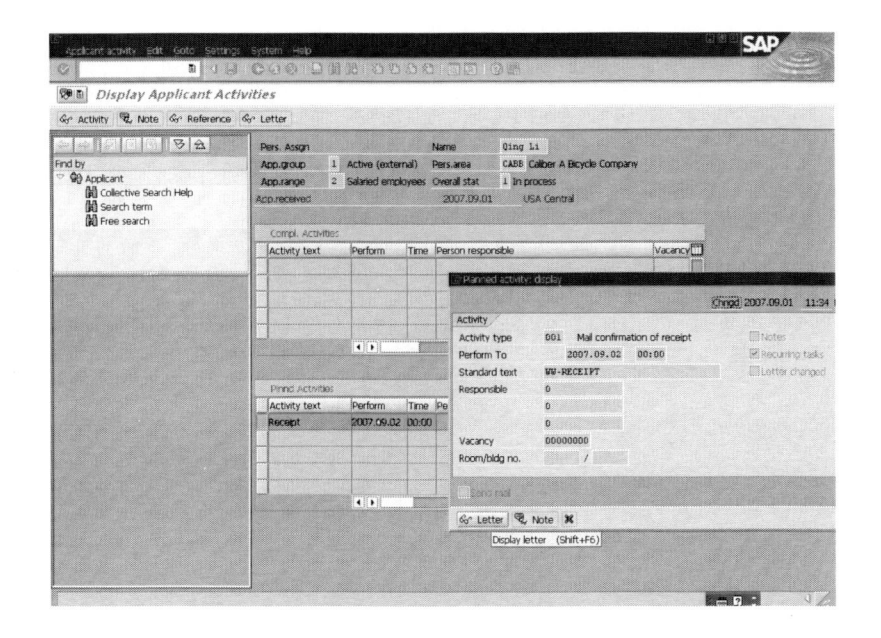

2. 你發現系統自動回復應聘者郵件的時間是：_____，這個時間與你錄入應聘者信息的時間相差：_____。

五、經過應聘者簡歷篩選，上題中的應聘者獲得了面試機會，請在系統中為該應聘者創建面試邀請，自定義面試時間，面試該職位的直線經理是 Ina Glenn（120991##）。

1. 參考如下界面，寫出創建面試邀請的路徑。

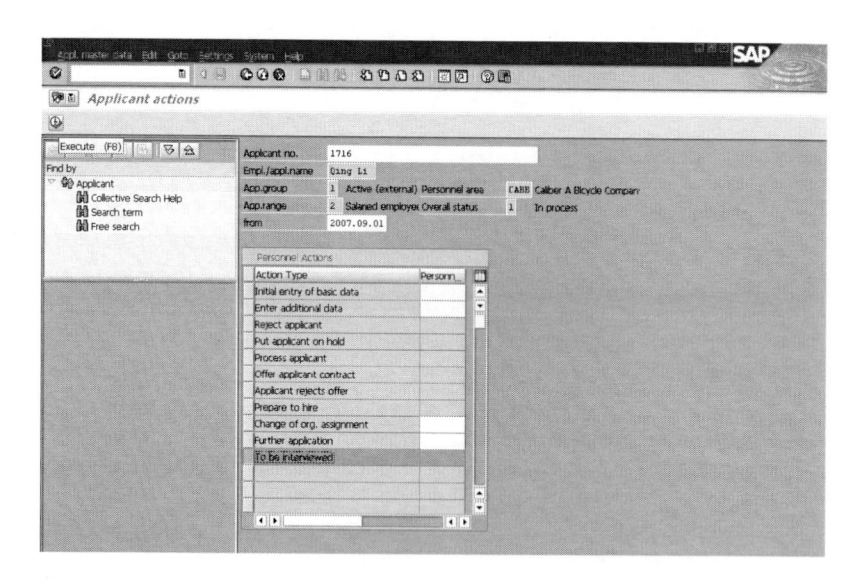

2. 在如下界面中為創建面試邀請填寫必要的信息。

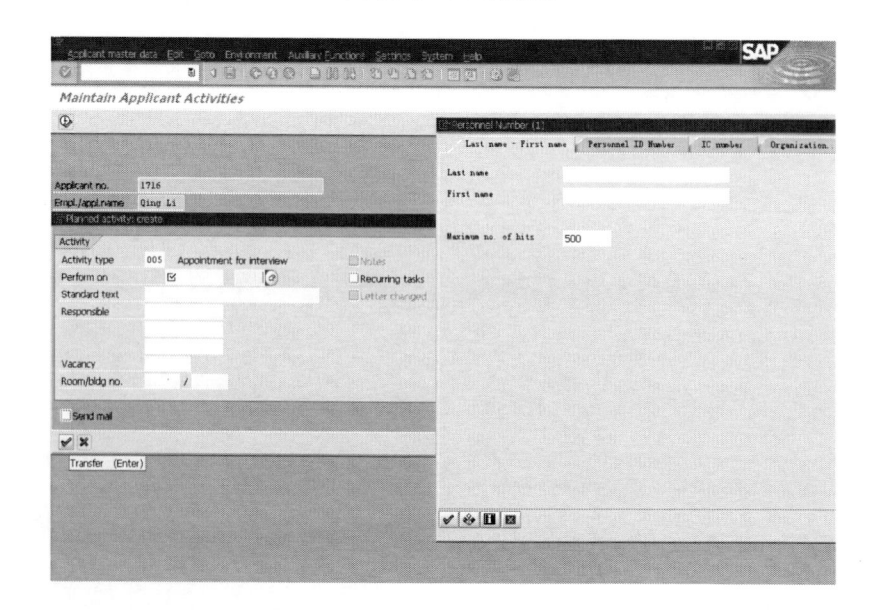

六、面試之後，人力資源部準備雇用上題中的應聘者，請為該應聘者創建勞動合同。參考如下界面，寫出為該應聘者創建勞動合同的路徑。

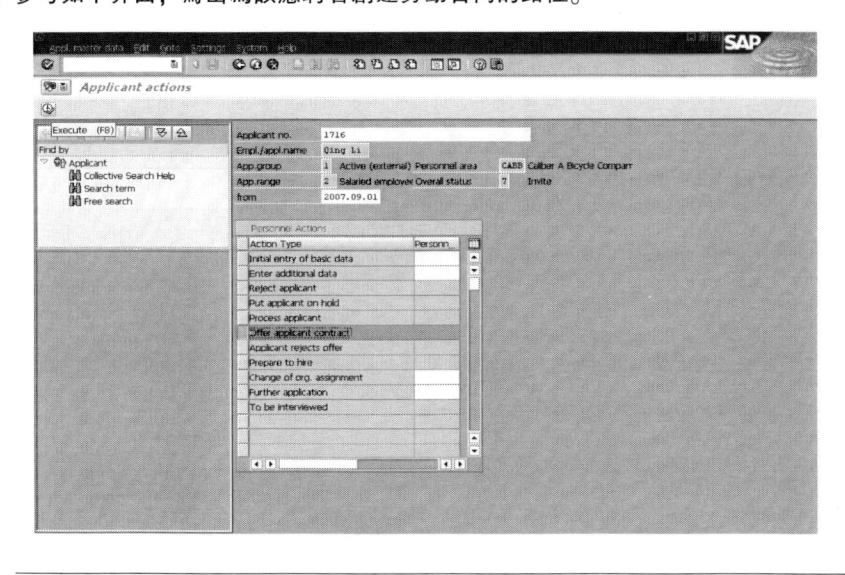

_____
_____
_____
_____

七、上題中的應聘者與企業簽訂勞動合同後，企業準備從下個月的第一天正式錄用該應聘者。屆時將應聘者個人信息轉換為員工個人信息。

1. 參考如下界面，填寫維護日期，記錄下來準備從下個月第一天正式錄用該應聘者的路徑。

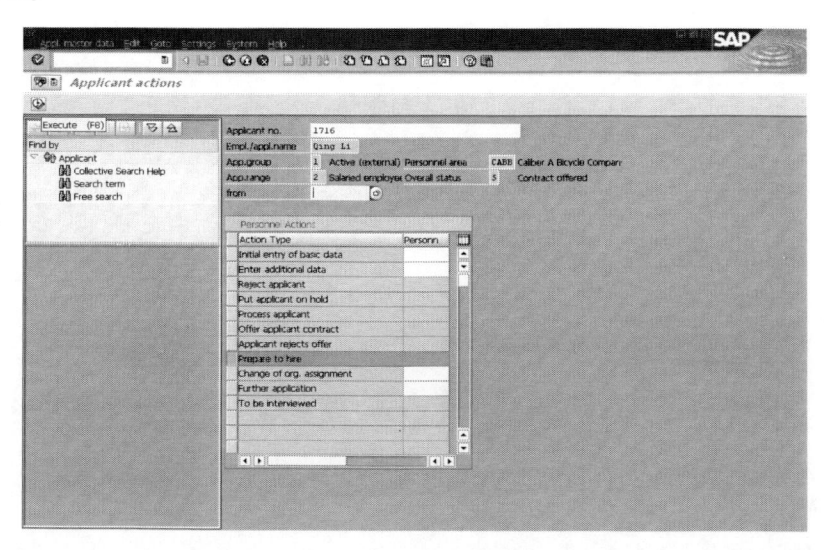

2. 參考如下界面，寫出將應聘者信息轉換為員工信息的路徑。

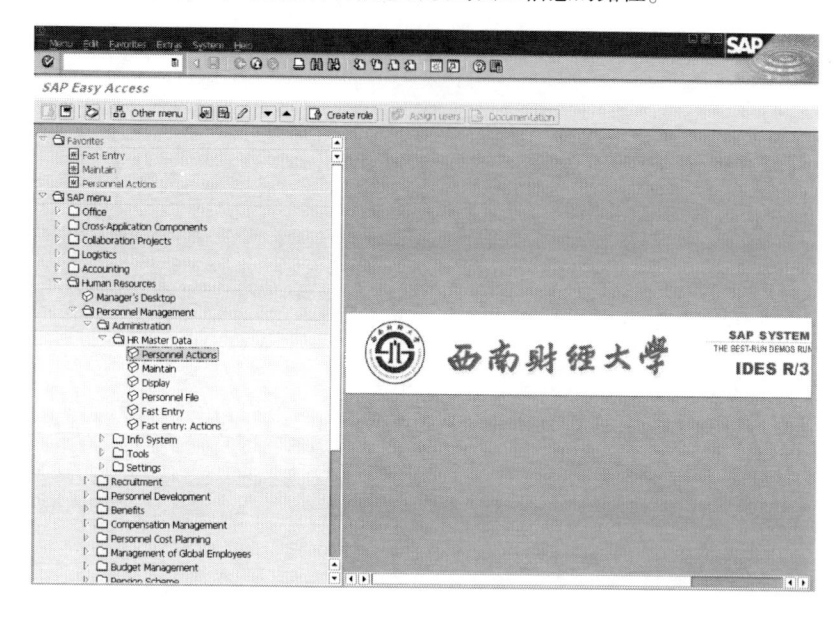

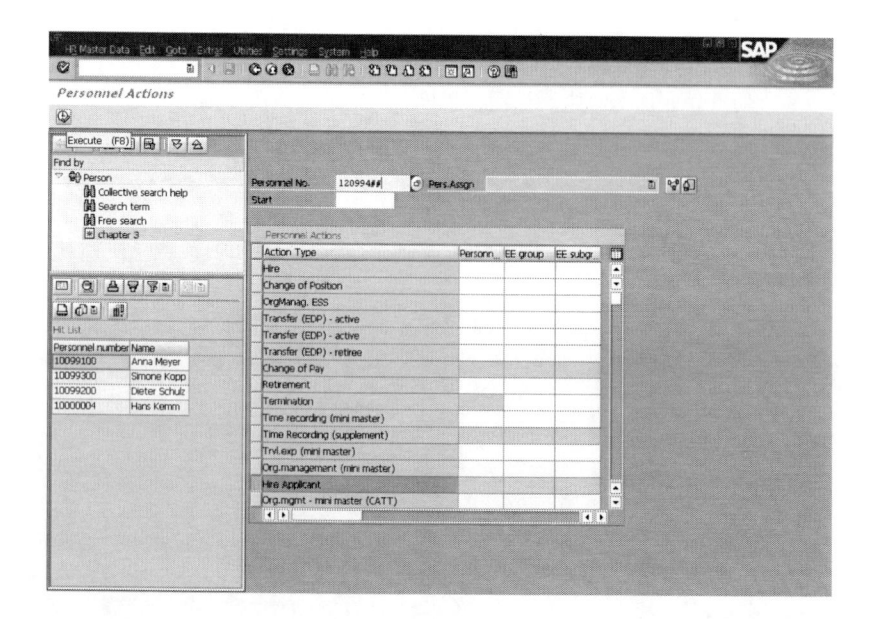

八、請將你在這次實驗課上的收穫記錄下來。

第六章
SAP 培訓工作的實施

學習背景

　　培訓是人力資源部門的一項專業工作,有效培訓不僅有利於實現人與職位的匹配,挖掘出企業人力資源的工作潛力,還是人力資源管理工作中一項很好的激勵手段。培訓計劃的制訂和實施是人力資源管理長期激勵的基本方法之一。人力資源管理部門的培訓工作非常強調針對性和有效性,這正是 SAP 人力資源管理員工發展模塊的基本設計理念。SAP 培訓工作的開展起始於職位分析,結合員工現有的任職素質,進行比較分析,找出職位需求與員工素質之間的差距,這個差距是制訂員工培訓計劃、考核員工培訓效果的重要依據。員工培訓計劃的實施需要為員工預定培訓課程,同時也需要為培訓員工在企業中找到合適的繼任者,從而保障員工正常培訓和企業正常運作。

學習目標

　　通過本章的學習與操作,你將學會如何根據職位分析來創建職位需求;如何為員工維護其自身具備的任職素質;如何將職位需求與員工任職素質進行比較分析,得出富有針對性的員工培訓計劃;如何為培訓員工找到合適的繼任者,保障培訓實施和企業正常運作。相信通過本章的學習,人力資源管理的培訓理念和實施流程,將會深深地印入你的腦海之中!

學習內容

1. 學會根據職位分析，創建任職資格目錄結構。
2. 學會為員工創建任職素質文檔。
3. 能夠根據職位需求，更新職位的任職需要信息。
4. 學會利用樹狀和柱狀圖的形式，來查看職位需求與員工任職資格的匹配結果。
5. 學會根據職位需求與員工任職素質的匹配結果，為員工預定培訓課程。
6. 能夠為培訓員工找到比較合適的繼任者。

SAP 培訓信息化管理是針對員工從入職培訓，到職業發展培訓，再到職業生涯發展規劃的系列計劃、組織、實施、反饋與改進的管理過程。

一、培訓信息化管理中的兩個基本概念

培訓信息化管理中的兩個基本概念是職位需求 Requirements 和員工素質 Qualifications。

如圖 6-1 所示，在職位需求 Requirements（以下簡稱為「R」）和員工素質 Qualifications（以下簡稱為「Q」）的定義中可以看到，R 和 Q 包含了一些共同要素，比如它們都是技術 skills、能力 abilities、經驗 experience 的匯總。

圖 6-1　職位需求 Requirements 和員工素質 Qualifications 的比較

R 和 Q 的區別在於對象不同。R 的對象是職務 job、職位 position、任務 task 或工作中心 work center，因此 R 代表的是職位或工作需要任職者具備的素質。Q 的對象是員工 employee，因此 Q 是指員工目前已具備的任職素質。

由於 R 和 Q 代表的內容有交集，對象有差異，在培訓信息化管理中，分前臺和後臺區別對待。

前臺將 R 與職位對應，特指職位要求；將 Q 與員工對應，特指員工素質。

後臺 R 和 Q 的統稱為任職素質，都用 Qualifications 表達。

如圖 6-1 所示，職位要求要在工作說明書中註明，應聘者素質要在簡歷中註明。

在招聘信息化管理的篩選簡歷階段，如果職位要求遠超過員工素質，說明應聘者能力遠遠不及；如果員工素質遠超過職位要求，說明存在大材小用。

在培訓信息化管理時，恰恰相反，系統首先關注紅色遠超過綠色的項目，因為這些項目是急切需要提升員工素質的培訓項目。Q 和 R 的匹配方法很高效、巧妙地實現了培訓的針對性。

二、任職素質目錄樹

由於任職素質需要與時俱進、不斷更新，所以我們需要學會在後臺維護任職素質目錄樹。任職素質目錄樹由根目錄、任職資格組和任職資格構成。任職資格繼承任職資格組的所有屬性。如圖 6-2 所示，認證證書是一個任職資格組，其下包含了急救資格等多個任職資格。

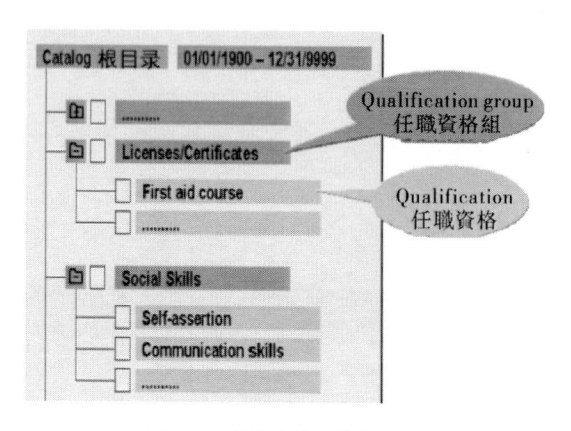

圖 6-2　任職素質目錄樹實例

在定義任職資格時，不僅需要定義其名稱，通常還需要定義其素質範圍。素質範圍有兩種定義方法，一種是「有/無」定義法，如有無駕照；一種是等級定義法，如初級、中下水準、中級、良好、優秀等。

三、培訓信息化管理的「六步工作法」

SAP 培訓信息化管理的「六步工作法」，即創建職位要求 R——創建員工素質 Q——比較 R 與 Q 的關係，關注 R>Q 的相關素質——為員工預定培訓課程——選拔受訓者的繼任者——培訓結果的運用。

第六章　SAP 培訓工作的實施

圖 6-3 以一位員工參加培訓為例，展示了培訓信息化管理的「六步工作法」。假設這位員工當前的職位是行政干事 Administrator：

- 第一步：這位行政干事的履歷中有員工素質文件 Q。
- 第二步：人力資源部有行政干事職位的工作說明書 R。
- 第三步：將這位員工的履歷和工作說明書比較，結果發現因工作所需，這位員工急需提升微軟 Word 的應用技能。
- 第四步：人力資源管理者為該員工選擇了相關培訓機構，預定了培訓課程。
- 第五步：為保證員工培訓效果和組織正常運轉，管理者提前安排培訓期間的繼任者。
- 第六步：員工參與培訓並順利通過認證考試，獲得微軟 Word 培訓畢業證書，員工受訓後回到工作崗位上，經過績效考核證明其工作能力有明顯提升，於是將此員工由原來的行政干事晉升為部門經理。

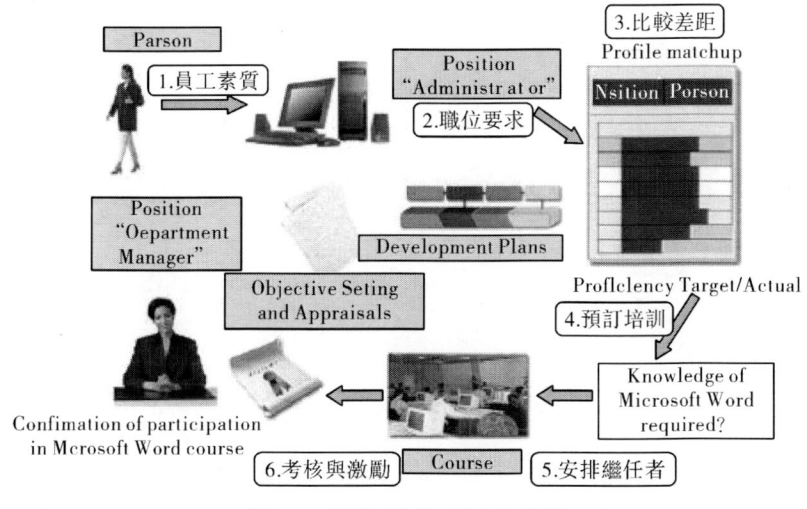

圖 6-3　培訓「六步工作法」實例

下面，我們通過一些練習題，來體驗培訓信息化管理的相關學習內容。

實訓練習題

1. 在 SAP 人力資源管理系統中，Qualifications 和 Requirements 有什麼區別和聯繫？

_____
_____
_____
_____

2. 根據你對 SAP 人力資源管理中培訓理念的理解，請嘗試畫出 SAP 人力資源管理系統的培訓流程圖。

_____

_____

_____

_____

_____

應用與提高

一、請在任職資格目錄中創建一個根目錄 Group##，在此根目錄下創建如下任職資格組和任職資格：

（1）任職資格組（Qulification group）：Language Group##，語言等級範圍是 1–4 級；

（2）任職資格：義大利語（Italian##）；

（3）西班牙語（Spanish##），創建起始起為 2003 年 1 月 1 日。

1. 參考如下界面，寫出在任職資格目錄中創建根目錄的路徑。

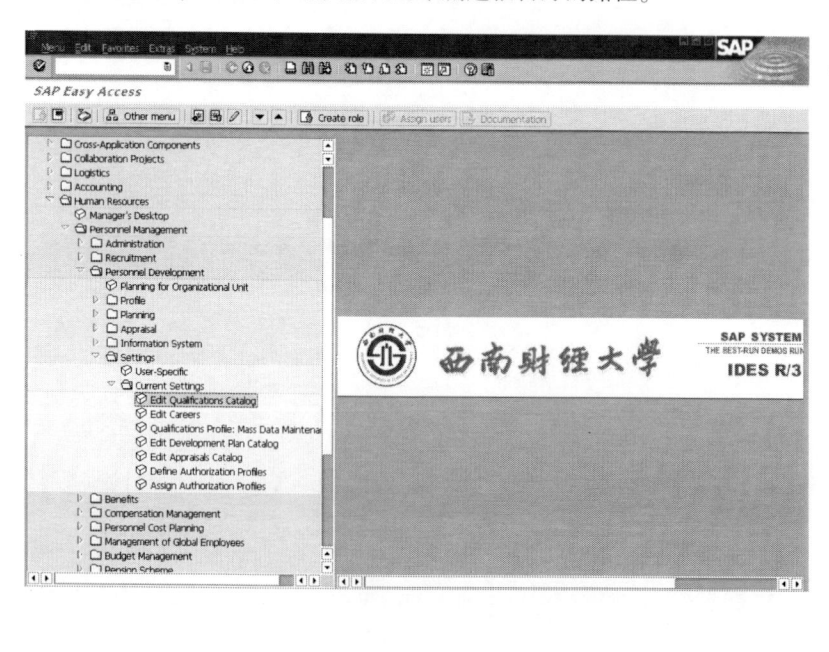

_____

_____

_____

_____

第六章　SAP 培訓工作的實施

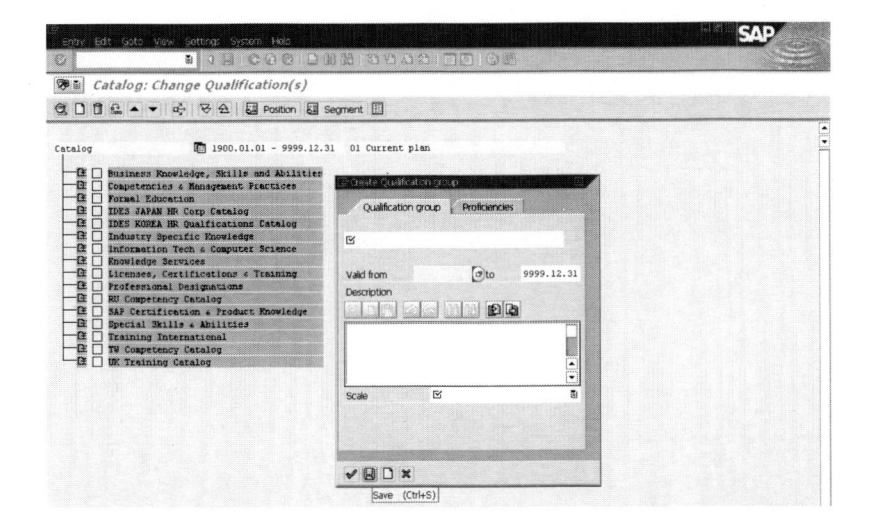

2. 請根據題目要求，在如下界面填寫必要的信息。

3. 請參考如下界面，寫出在根目錄 Group## 下創建任職資格組的方法。

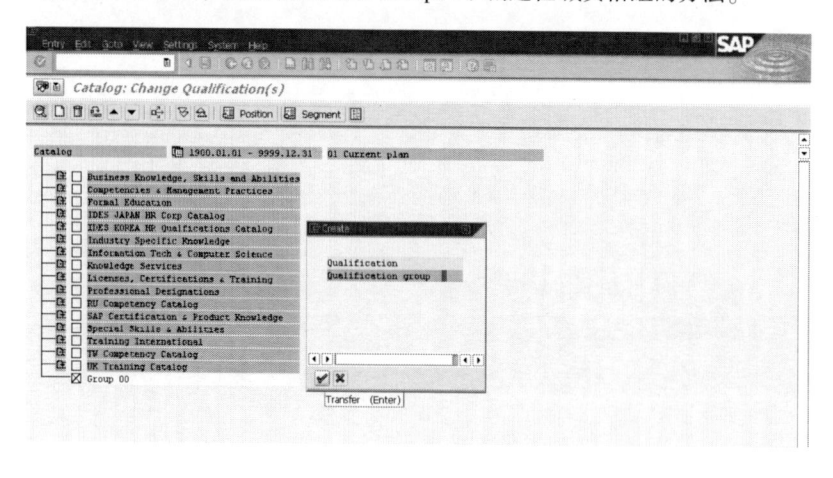

4. 請參考如下界面，寫出在任職資格組之下創建任職資格的方法。

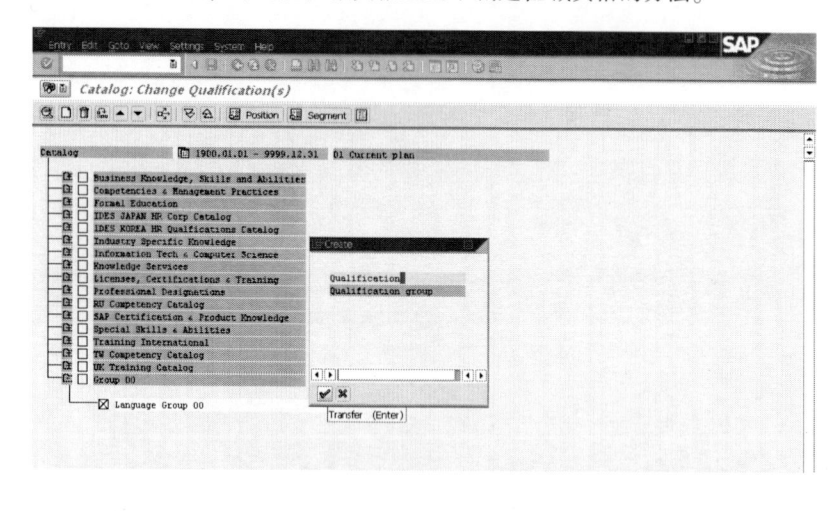

5. 請畫出你所創建的任職資格目錄樹。

第六章　SAP 培訓工作的實施

二、Ina Glenn（120991##）從 2003 年 1 月 1 日起具備以下三項任職素質：
（1）多媒體技能（優等）；
（2）桌面應用的技能（中級）；
（3）良好的工作獨立性和主動性，請為 Ina Glenn 創建一個員工發展的任職素質文件。

1. 參考如下界面，寫出為 Ina Glenn 創建任職素質文件的路徑。

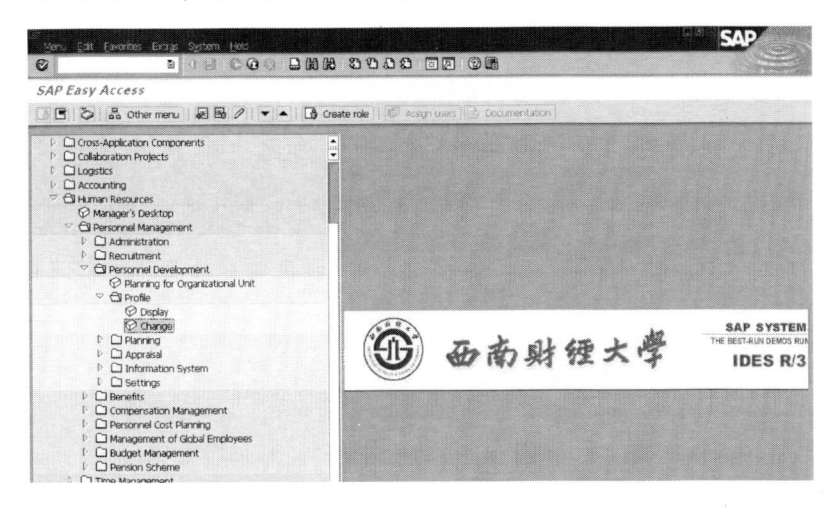

_____
_____

2. 參考如下界面，寫出找到員工 Ina Glenn 並為其創建任職素質文件的方法。

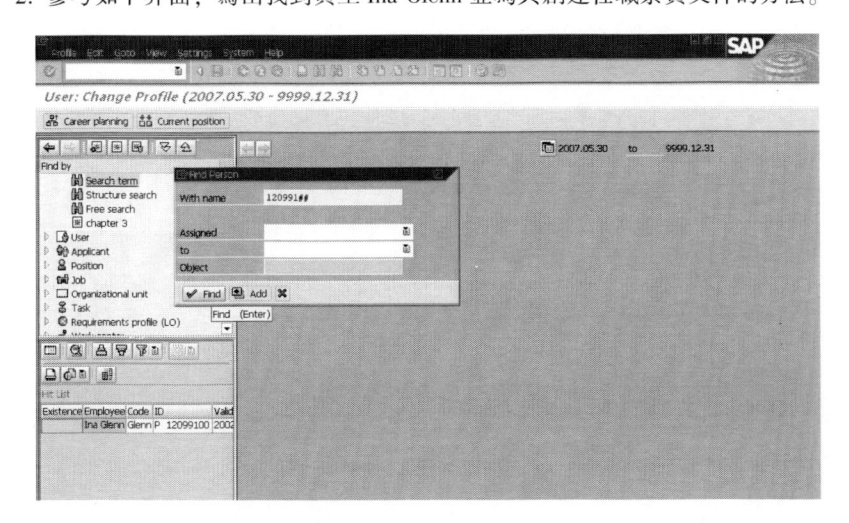

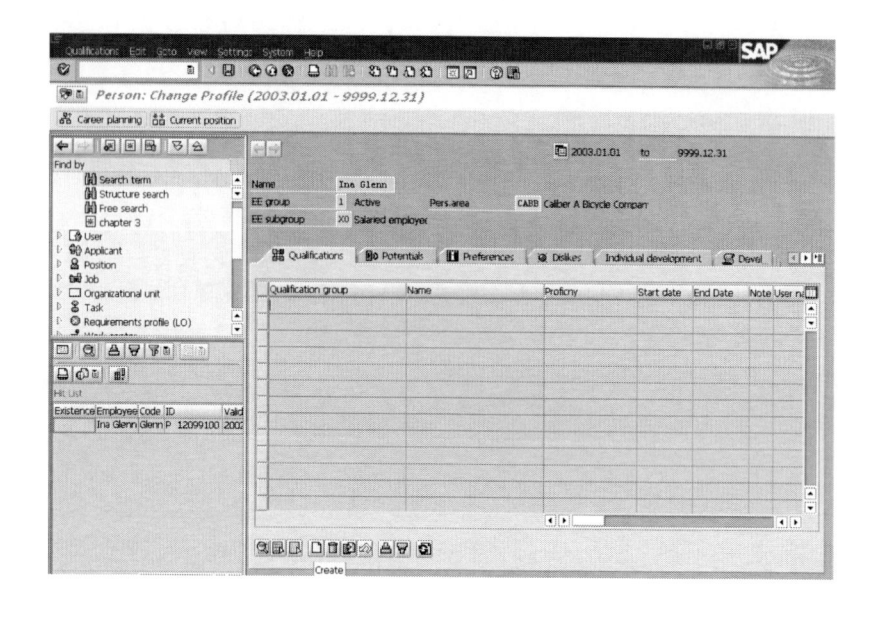

三、Ina Glenn 現任職某北方採購部（## Purchasing North）某部門經理（## Department Manager），請為該職位維護任職素質需求：

（1）HR100 人事行政管理技能；

（2）流利的西班牙語（Spanish 00）。

請參考如下界面，寫出維護 Ina Glenn 所在職位任職需求的路徑。

第六章　SAP 培訓工作的實施

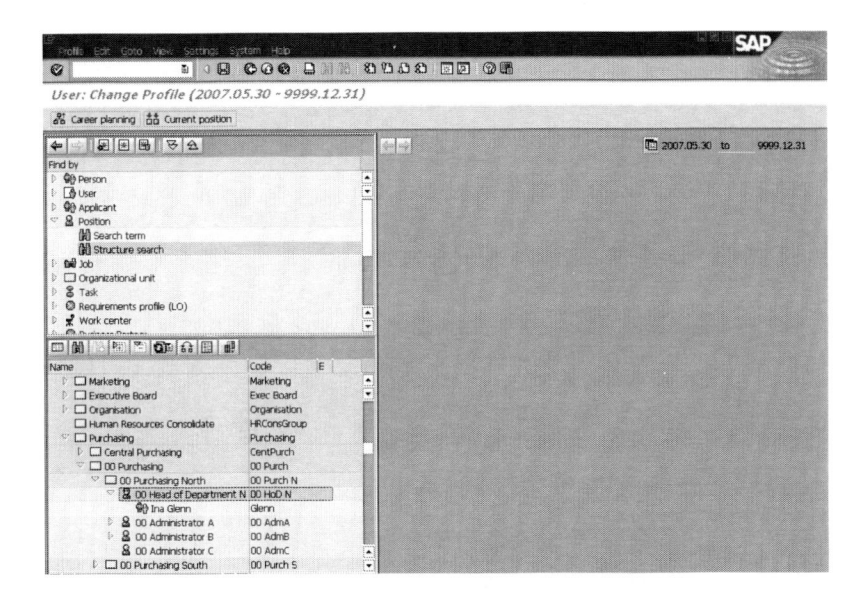

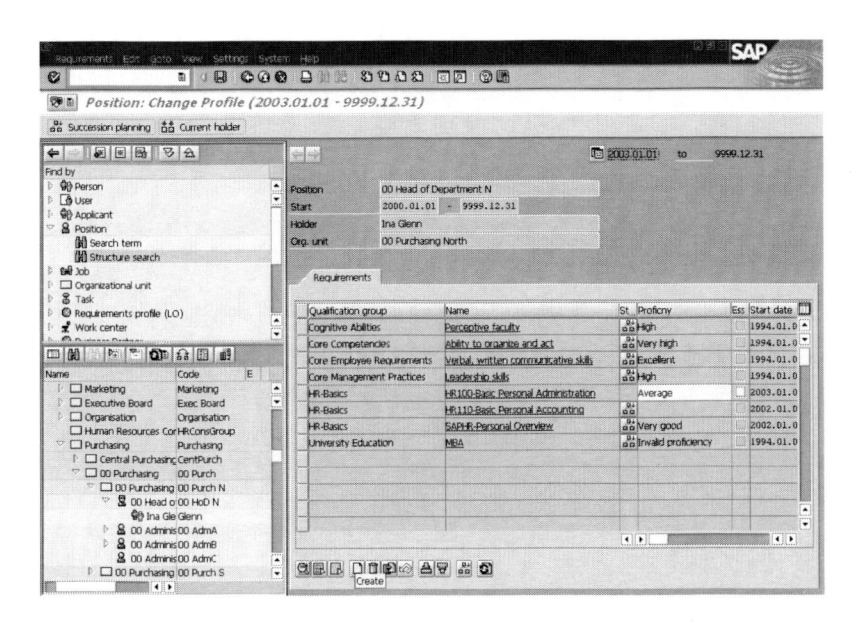

四、比較 Ina Glenn 的任職素質和職位需求，根據比較結果為 Ina Glenn 創建培訓建議。

1. 參考如下界面，寫出顯示 Ina Glenn 任職素質和職位需求比較結果的路徑。

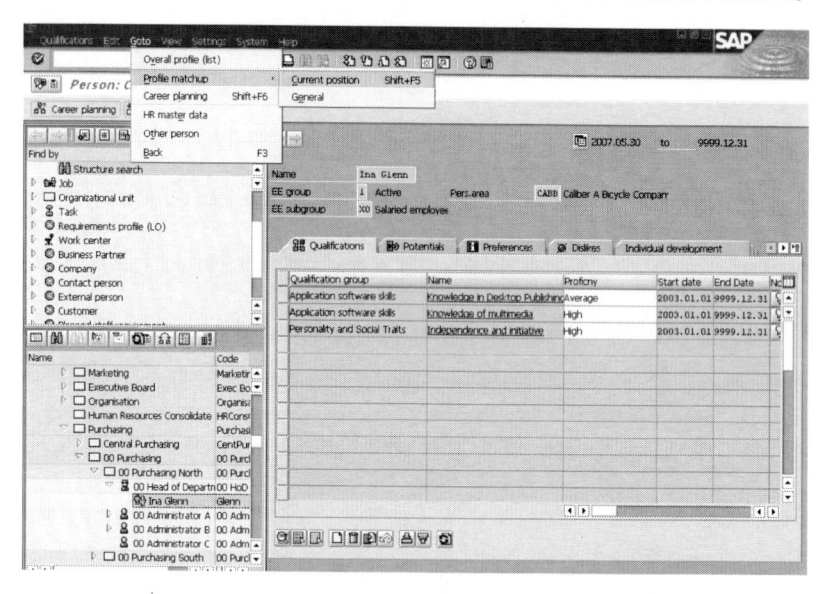

2. 請解釋如下界面中任職素質和職位需求的匹配圖結果。

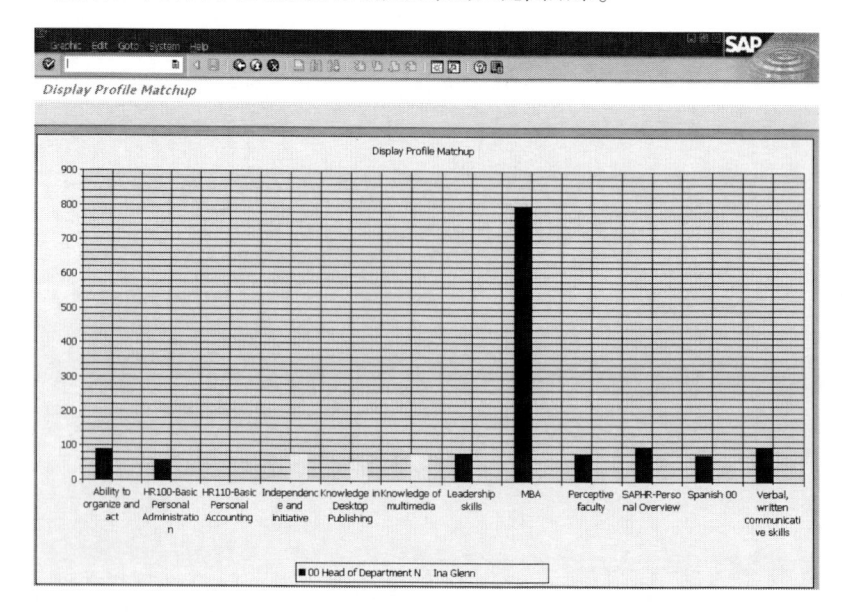

第六章　SAP 培訓工作的實施

3. 根據上題顯示結果，請為 Ina Glenn 在 2003 年 3 月 1 日預定一門 SAP 人力資源管理的培訓課程。

參考如下界面寫出預定這門培訓課程需要考慮的因素和預定方法。

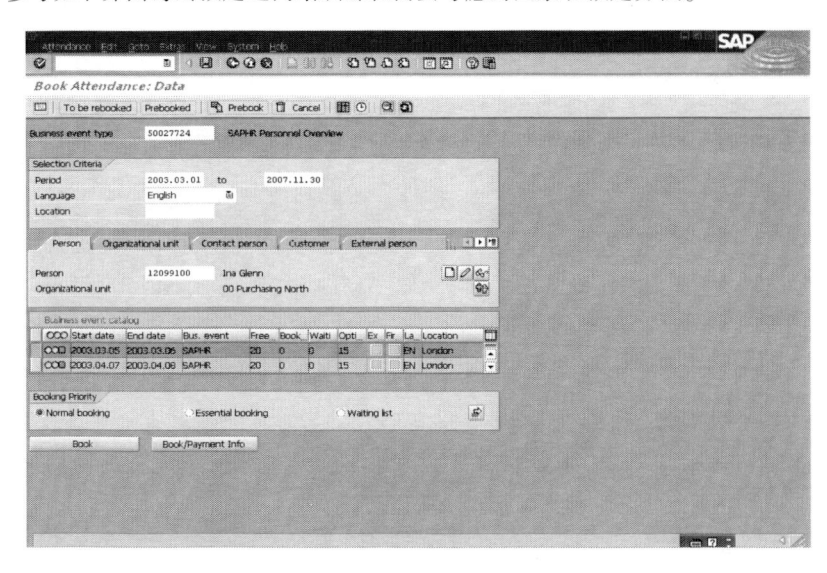

_____
_____
_____

五、在 Ina Glenn 培訓期間，請根據 Ina Glenn 所任職位的職位要求，為 Ina Glenn 找一位合適的繼任者。

1. 參考如下界面，寫出找到任職素質相對合適的繼任者路徑。

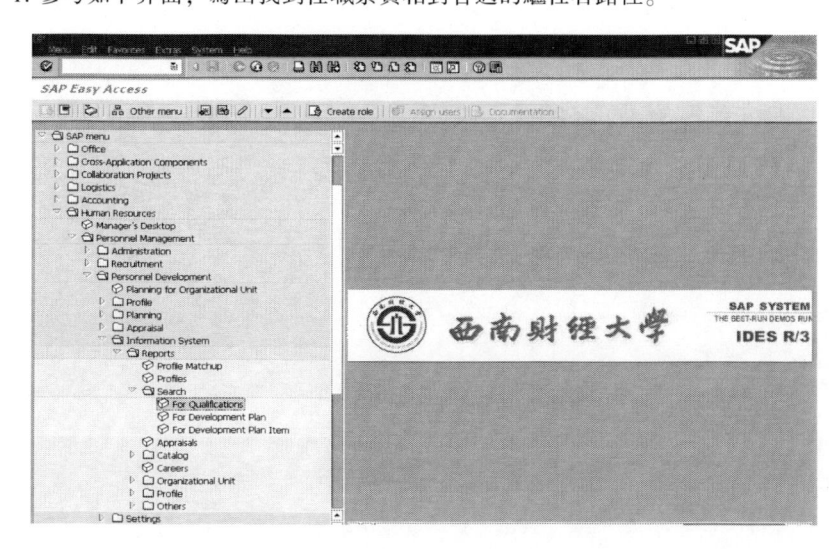

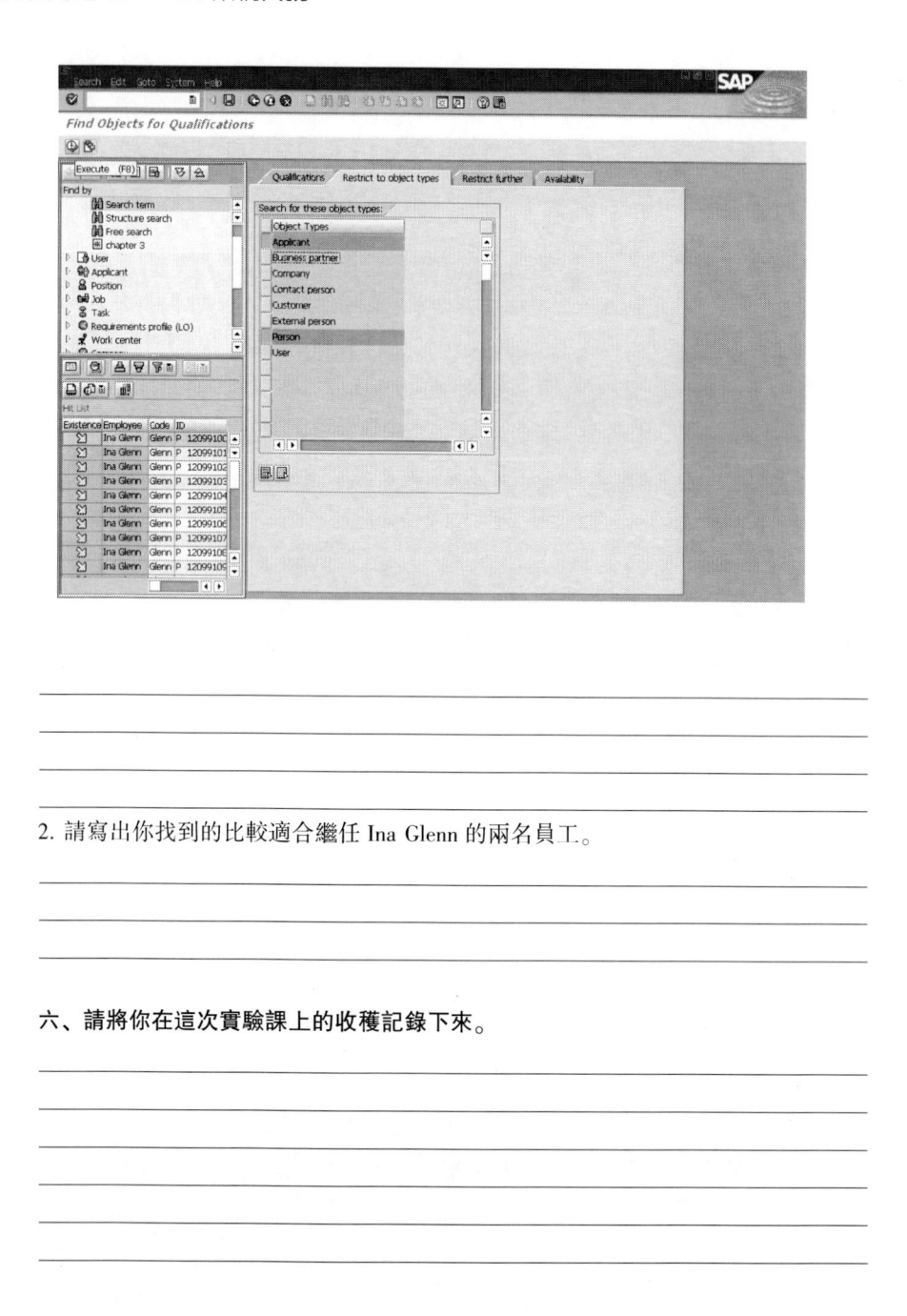

2. 請寫出你找到的比較適合繼任 Ina Glenn 的兩名員工。

六、請將你在這次實驗課上的收穫記錄下來。

第七章
SAP 時間管理的實施（一）

學習背景

　　時間管理是 SAP 人力資源管理中的特色功能之一。傳統的人力資源管理常常將時間管理局限地認為是為員工打考勤，大大削弱了時間管理功能，從而出現對員工事假和病假管理鬆散、員工加班時間不能及時且有效加以記錄和認定、員工年假不能充分靈活地利用等問題。SAP 人力資源管理非常重視時間管理，對員工出勤、缺勤、加班、事假、病假、年假等都做出了細緻的管理規定，不僅能夠及時、準確、分門別類地記錄員工在工作時間內發生或即將發生的事件，還能夠定期對全體員工進行時間評估，從而有效地將時間管理與績效考核、薪酬管理緊密相連。本章主要向初學者介紹，在時間管理中如何用負向時間記錄的方法為員工記錄各種時間數據。

學習目標

　　通過本章的學習與操作，你將瞭解時間管理的業務範圍；學會時間數據記錄的兩種方法；學會負向時間記錄法；學會查看時間管理者桌面（TMW）用戶參數配置；掌握利用管理者桌面（TMW）來維護員工諸如加班、請假、休年假等時間事件的技能；學會如何在時間管理功能模塊中查看員工的出勤配額和缺勤配額信息。

學習內容

1. 時間管理的業務範圍。
2. 正向時間記錄法與負向時間記錄法的區別。
3. 負向時間記錄法的應用方法。
4. 時間管理者桌面（TMW）的用戶參數。
5. 學會維護員工的加班信息、病假信息和休年假信息。
6. 學會查看員工的時間管理配額信息。

時間管理是人力資源管理信息系統的專項工作之一，管理者不僅需要及時、準確、分門別類地記錄員工在工作時間內發生或即將發生的事件，還需要定期對全體員工進行時間評估，從而有效地將時間管理與績效考核、薪酬管理緊密相連。

一、SAP 時間管理的業務概覽

SAP 時間管理主要涉及三個方面的業務，即記錄時間數據、評估時間數據和時間管理的結果應用。

（一）記錄時間數據

記錄時間數據可以借助員工移動端自助服務、時間管理員監測、打卡機等環節相結合，全面、準確地收集所有員工的工作時間數據。

• 員工移動端自助服務，是當代非常流行的一種時間管理手段。它不僅可以實現「刷臉」打卡功能，還可以記錄和工作相關的一切時間事件類型，如拜訪客戶、參加培訓、參會、差旅等都可以在移動端自助記錄。激活移動端「刷臉」功能通常需要關聯辦公地點 Wi-Fi，因此可以有效杜絕替代打卡的行為發生。目前，此自助服務的局限性在於有些移動端刷臉 app 對光線過於敏感、對人像識別過於精細，個別情況下出現遲遲不能正常打卡的現象。

• 時間管理員監測，通過檢測設備和管理信息系統，時間管理員對員工的各項時間數據進行匯總管理和運用，是機器不能替代人的必要環節。

• 打卡機，在沒有全面普及員工移動端自助管理時間的條件下，打卡機也是非常得力的時間管理助手。它不僅可以記錄員工上下班打卡的數據，還可以記錄員工戶外作業時間數據記錄，打卡機的打卡數據和管理信息直接關聯，所以員工的打卡記錄就是員工的時間記錄。

員工移動端自助服務和打卡機設備的應用，都需要全員配合養成良好的記錄時間習慣，否則管理信息系統在核算工作時間時會報錯數據，從而直接影響與工作時間相關的收入分配。

(二) 評估時間數據

評估時間數據是將記錄的時間數據與計劃時間數據進行比較，實現與時間管理相關的薪資扣減或增加。與工資管理中的工資帳戶相似，時間管理也會為員工創建時間帳戶，記錄每個考核週期內員工的工作時間日誌，比如工作時間規則、員工的出勤、缺勤、替班等工作時間事件。時間帳戶信息會被直接運用在與工作時間相關的激勵性工資中。

(三) 時間管理的結果應用

時間管理的結果可以應用在設定員工工作量上，如員工的工作負荷量是否適度，是否人盡其才；時間管理結果也可以運用在制訂員工輪班計劃、培訓與繼任者計劃以及薪資成本控制與激勵性分配之間的平衡等環節。

二、記錄時間數據的方法

在 SAP 時間管理系統中，常用兩種方法記錄時間數據：一種是正向時間記錄法，一種是負向時間記錄法。

正向時間記錄法，記錄全部時間事件。比如員工中途外出就醫，如果採用正向時間記錄法，就會生成三條記錄：08:00—11:00 打卡上班，11:00—14:00 就醫，14:00—17:00 打卡下班。正向時間記錄法，記錄全部時間事件，能全面準確反應員工當時工作時間安排，但需要員工養成良好的打卡習慣。

負向時間記錄法，記錄偏離時間計劃的數據。比如某員工今日正常上下班，沒有偏離時間計劃的事件發生，就不做記錄；如果該員工中途外出就醫，屬於偏離時間計劃的時間，就記錄下來這個偏離事件，生成一條負向時間記錄：11:00—14:00 就診。負向時間記錄法，關注異常時間事件，有利於提高時間記錄的效率，但不能全面反應員工當日的工作時間安排。

負向時間數據記錄法，在記錄數據之前，需要維護好四個信息類型的數據，即組織分配、員工信息、計劃工作時間和缺勤配額。

負向時間數據記錄法，會使用時間數據類型來區別不同的時間事件，常見的時間數據類型有出勤（差旅、會議等也屬於出勤）、缺勤（如病假、帶薪休假也屬於缺勤）、替班、自願加班等時間數據類型。

下面，我們通過一些練習題，來掌握本章的相關學習內容。

實訓練習題

1. 在 SAP 人力資源管理的時間管理中記錄時間數據的兩種方法是什麼？這兩種方法有何區別？

---

2. 在負向時間數據記錄前，必須維護的信息類型有哪些？

應用與提高

一、在使用時間管理者桌面之前，請查看一下你的用戶參數配置，填寫你的查看結果。

1. 參考如下界面，寫出查看時間管理桌面（TMW）用戶參數配置的路徑。

第七章　SAP 時間管理的實施（一）

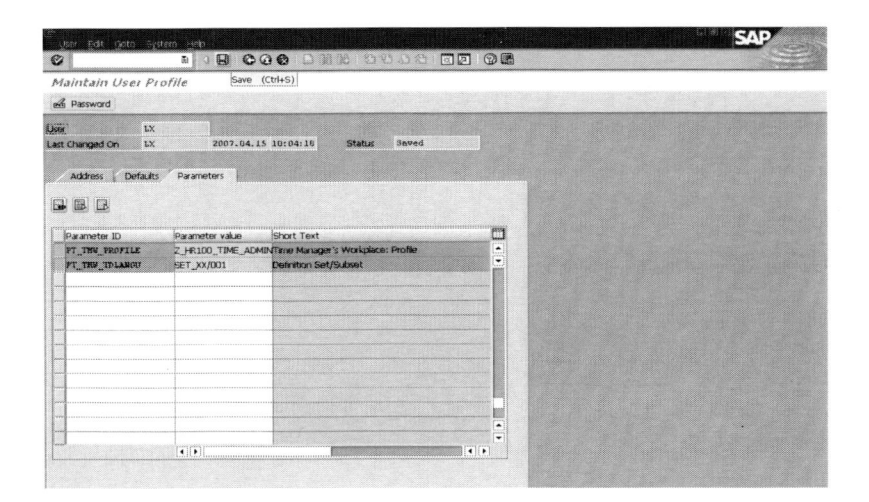

2. 填寫你查看到的參數設置結果

PT_ TMW_ PROFILE：

PT_ TMW_ TDLANGU：

二、請在時間管理者桌面中，為員工 Hans Kemm 記錄如下時間管理數據：

（1）Hans Kemm 與 2003 年 10 月中旬某一工作日 10:00—12:00 就診。

（2）Hans Kemm 於 2003 年 9 月第二周的某一工作日加班，加班時間是下午 5:00—7:00。

1. 參考如下界面，寫出進入時間管理者桌面的路徑。

2. 點擊「Temprorily insert employee」快捷鍵，找到 Hans Kemm，在日曆表中選中符合題目 1 要求的一天，在下圖空白處填寫維護題目 1 的必要信息。

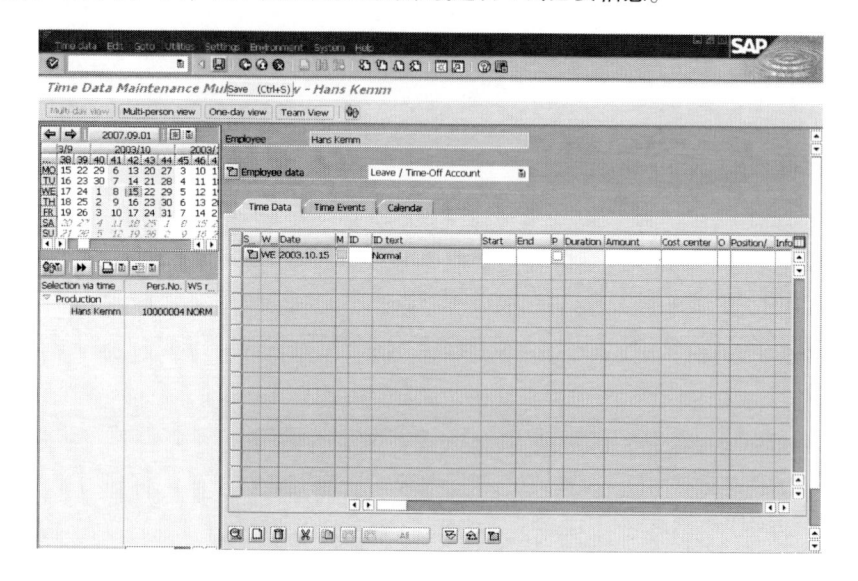

3. 在日曆表中選擇符合題目 2 要求的一天，在圖中填寫維護題目 2 的必要信息。

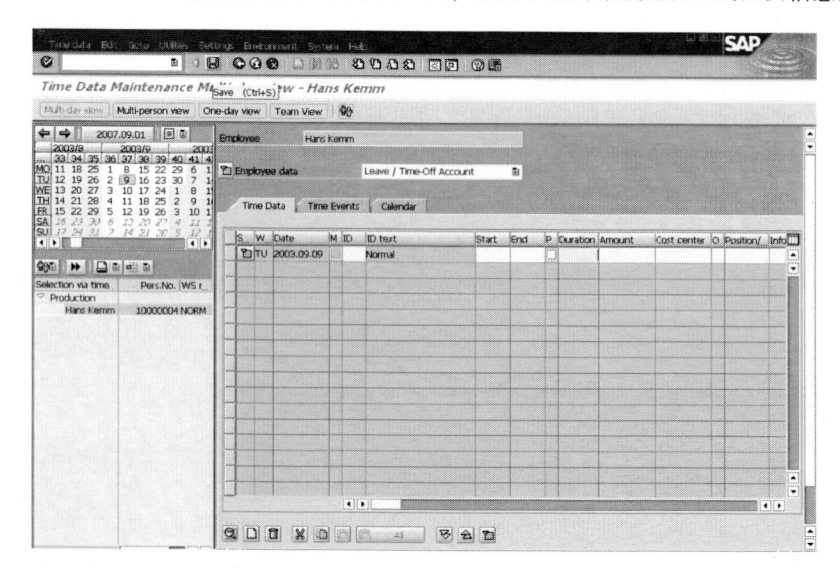

三、請利用時間管理者桌面為員工 Anna Mayer（100991##）維護如下時間數據：員工 Anna Mayer 於 2003 年 10 月最後一週休年假。

1. 參考如下界面，寫出為員工 Anna Mayer 維護年假信息的方法。

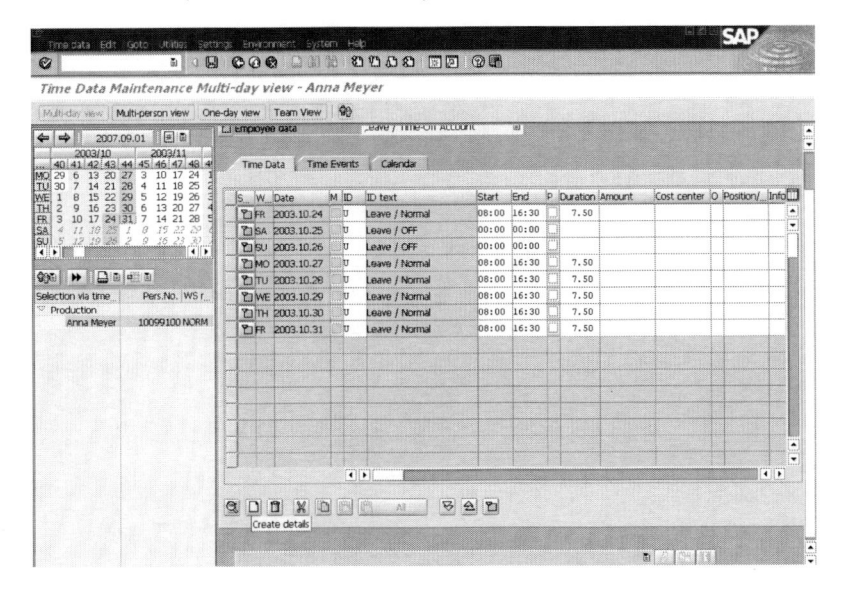

2. 維護員工 Anna Mayer 年假信息時使用的時間數據代碼是_____。

四、顯示員工 Anna Mayer 2003 年度在企業中的時間配額（Quota）。

1. 參考如下界面，寫出查看員工 Anna Mayer 時間配額的路徑。

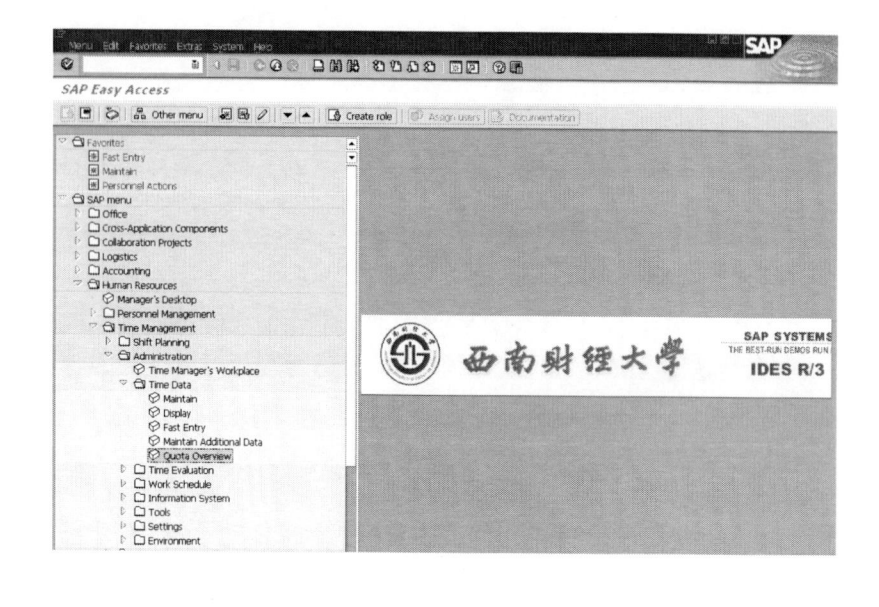

2. 根據員工 Anna Mayer 2003 年度時間配額的查看結果，填寫下表。

配額類型	配額量	剩餘配額量	單位

五、請將你在這次實驗課上的收穫記錄下來。

第八章
SAP 時間管理的實施（二）

學習背景

　　SAP 時間管理不僅能夠運用負向時間數據記錄法，對員工加班、請假、休年假等時間事件進行提前管理與安排，還可以運用正向時間數據記錄方法，結合企業打卡機的應用，對員工每日工作時間做出準確記錄，這些時間數據是時間評估的直接數據來源。SAP 時間管理的時間評估將每位員工的計劃工作時間與員工實際工作時間相比較，從而對員工遲到、早退、實際加班時間做出準確評估，這個時間評估結果將直接與 SAP 人力資源管理的工資管理數據相關，可發揮企業時間管理的有效作用。相信通過本章的學習，你會對企業時間管理的重要性有新的認識。

學習目標

　　通過本章的學習與操作，你將能夠根據時間評估的需要，將員工時間數據記錄方法從負向時間記錄法轉化為正向時間記錄法；學會運用正向時間數據記錄方法來記錄員工每日工作時間；學會如何為員工進行階段性的時間評估，並能夠查看時間評估結果，客觀分析時間評估結果的報告。

學習內容

1. 能夠根據時間評估的需要，及時將員工時間數據記錄方法從負向時間記錄法轉化為正向時間記錄法。
2. 學習運用正向時間數據記錄方法來記錄員工工作時間。
3. 學習為員工進行時間評估，能夠查看時間評估結果。
4. 能夠分析時間評估結果報告。

SAP 記錄時間數據有兩種方法，分別是負向時間記錄法和正向時間記錄法。負向時間記錄法記錄偏離時間計劃的時間，也就是意外時間事件。正向時間記錄法記錄全部時間事件。雖然正向時間記錄法的工作量較負向時間記錄法更大，但是從時間評估的角度而言，正向時間記錄法更加準確、全面。本章我們重點學習運用正向時間記錄法完成時間評估的業務實施。

一、關於時間評估的本土化常識

時間評估業務會涉及勞動者在加班、休假、帶薪年假等方面的本土化常識。

（一）關於核算加班工資的相關規定

根據《中華人民共和國勞動法》（以下簡稱《勞動法》）第四十四條的規定，支付加班費的具體標準是：在標準工作日內安排勞動者延長工作時間的，支付不低於工資的 150% 的工資報酬；休息日安排勞動者工作又不能安排補休的，支付不低於工資的 200% 的工資報酬；法定節假日安排勞動者工作的，支付不低於 300% 的工資報酬。

標準工作時間以外延長勞動者工作時間和休息日、法定節假日安排勞動者工作，都是占用了勞動者的休息時間，都應當嚴格加以限制，高於正常工作時間支付工資報酬即是國家採取的一種限制措施。

上述三種情形下組織勞動者勞動對勞動者帶來的影響是不完全一樣的。法定節假日對勞動者來說，其休息有著比往常和休息日更為重要的意義，此時工作會影響勞動者的精神文體生活和其他社會活動，這是用補休的辦法無法彌補的，因此，應當給予更高的工資報酬。用人單位遇到上述情況安排勞動者加班時，應當嚴格按照勞動法的規定支付加班費。屬於哪一種情形的加班，就應執行法律對這種情況所做出的規定，相互不能混淆，不能代替，否則都是違反勞動法的行為，都是對勞動者權益的侵犯，應當依法承擔法律責任。

（二）關於國家法定假日的相關規定

中國法定節假日的現行規定是：

- 元旦，放假 1 天（1 月 1 日）。

- 春節，放假 3 天（農曆除夕、正月初一、初二）。
- 清明節，放假 1 天（農曆清明當日）。
- 勞動節，放假 1 天（5 月 1 日）。
- 端午節，放假 1 天（農曆端午當日）。
- 中秋節，放假 1 天（農曆中秋當日）。

(三) 關於帶薪年假的相關規定

根據中國《職工帶薪年休假條例》的規定，職工累計工作已滿 1 年不滿 10 年的，年休假為 5 天；已滿 10 年不滿 20 年的，年休假為 10 天；已滿 20 年的，年休假為 15 天。

國家法定休假日、休息日不計入帶薪年休假的假期。

有下列情形之一的，不能享受當年度的年休假：
- 職工依法享受寒暑假，其休假天數多於年休假天數的。
- 職工請事假累計 20 天以上且單位按照規定不扣工資的。
- 累計工作滿 1 年不滿 10 年的職工，請病假累計 2 個月以上的。
- 累計工作滿 10 年不滿 20 年的職工，請病假累計 3 個月以上的。
- 累計工作滿 20 年以上的職工，請病假累計 4 個月以上的。

用人單位應當根據生產、工作具體情況，並考慮職工本人意願，統籌安排職工年休假，可以集中安排，也可以分段安排，但一般應在 1 個年度內安排。

二、正向時間記錄法

在操作正向時間記錄法之前，需要維護五個信息類型的數據內容，即組織分配、員工信息、計劃工作時間、缺勤配額和時間記錄信息（Time Recording Info）。其中前 4 個信息類型與負向時間記錄法一致，第 5 個信息類型「時間記錄信息」，為打卡機和管理信息系統搭建了橋樑，它將打卡機的數據自動導入管理信息系統。

員工在使用打卡機時，如何將打卡機的數據自動導入管理信息系統呢？如圖 8-1 所示：

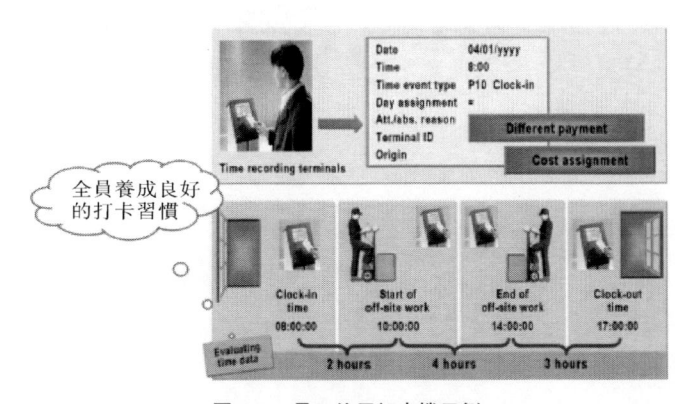

圖 8-1　員工使用打卡機示例

當員工打卡時，首先會出現日期和時間，比如 8:00 打卡上班，Time Event Type 是指時間事件類型，代碼 P10，意味著 Clock in，打卡上班。Day Assignment 是指即時自動導入。

在使用時間記錄信息這個信息類型時，需要全員配合，養成良好的打卡習慣，不僅每次打卡要有始有終，過程中不同的時間事件也需要首尾呼應打卡。比如圖 8-1 所示的這位員工，8:00 打卡上班，10:00 打卡戶外作業，14:00 打卡戶外作業收工，17:00 打卡下班。

如果員工沒有養成良好的打卡習慣，在做時間評估時，系統會對出錯員工的出錯日期做出報錯信息提示。人力資源管理人員需要為此花費更多的時間調查、教育、補錄、重新評估修正後的數據。

將時間數據記錄方法由負向時間記錄法轉換成正向時間記錄法，是通過維護信息類型「計劃工作時間」的內容實現的。在信息類型「計劃工作時間」的數據中，將時間管理狀態的代碼由「0」（代表負向時間記錄法）更改為「1」（代表正向時間記錄法）即可。

三、時間評估的基本原理

時間評估的基本原理，是將每位員工的計劃工作時間與實際工作時間做比較，從而對員工遲到、早退、實際加班時間做出準確評估，這個時間的評估結果將直接與 SAP 人力資源管理的工資管理數據相關，發揮企業時間管理的有效作用。

如圖 8-2 所示，某員工某一天實際工作時間為早 7:30 打卡上班，晚 17:05 打卡下班，實際工作 7 小時 35 分鐘；該員工計劃工作時間是 7 小時 30 分鐘，時間評估結果為該員工當日加班 5 分鐘。

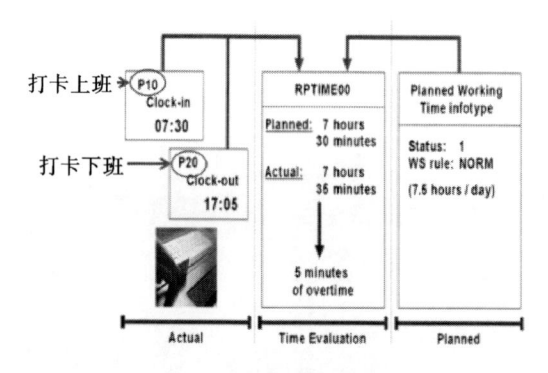

圖 8-2　時間評估原理示例

在評估員工工作時間數據時，我們需要對比打卡數據和計劃工作時間的數據，這個數據處理的過程是通過報表 RPTIME00 自動核算的。

時間評估自動核算的報表 RPTIME00，如同一個大型計算器，將員工主數據、計劃

工作時間、打卡機數據匯總比對，最終出具的結果是時間工資類型、時間帳戶、報錯信息。其中時間工資類型和時間帳戶結果將被應用在薪資管理和員工時間帳戶說明書中。

下面，我們通過一些練習題，來體驗 SAP 時間評估的相關學習內容。

實訓練習題

1. 在進行時間評估時，使用怎樣的時間數據記錄方法？之前必須維護的信息類型有哪些？

_____
_____

2. 時間評估使用的報表名稱是：_____
3. 請簡述時間評估的基本原理。

_____
_____
_____
_____

應用與提高

一、請將員工 Simone Kopp 的時間數據從 2003 年 1 月 1 日至 2003 年 1 月 31 日由負向時間記錄法改為正向時間記錄法。

1. 參考如下界面，寫出維護員工 Simone Kopp 時間管理數據記錄方法的路徑和方法。

_____
_____
_____
_____
_____
_____

人力資源管理——SAP系統實務

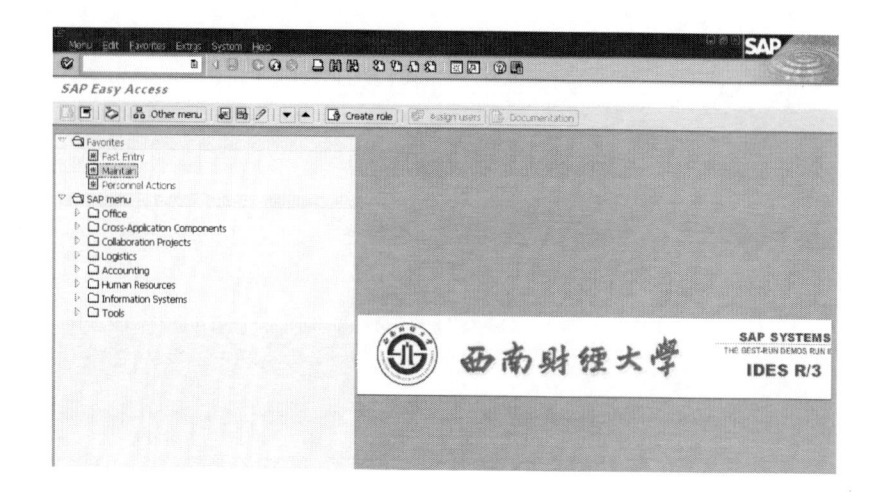

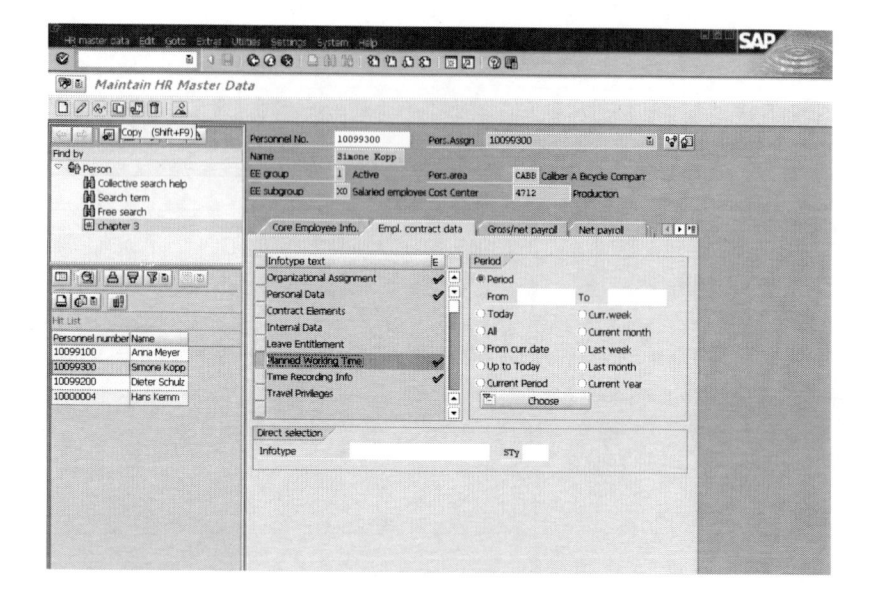

2. 參考如下界面，按照題目要求填寫和選擇必要的信息。

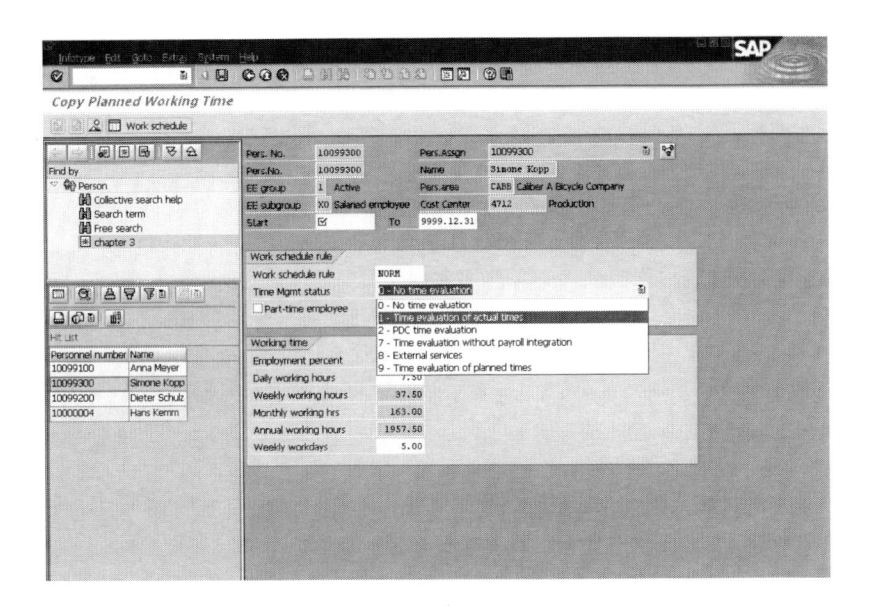

3. 存盤後，系統自動跳出「Time Recording Information」的維護界面，請保存當前界面數據。

二、請利用列表錄入數據的方法（List Entry）為員工 Simone Kopp 維護並保存下列時間數據：

（1）2003 年 1 月 6 日，Simone Kopp 於 08:01 打卡上班，16:58 打卡下班。

（2）2003 年 1 月 7 日，Simone Kopp 於 07:59 打卡上班，但是在下午下班時忘記打卡就離崗了。

（3）2003 年 1 月 8 日，Simone Kopp 於 08:05 打卡上班，17:05 打卡下班。

1. 參考如下界面，寫出維護上述題目要求的時間數據的路徑，並填寫必要的空白處。

_____

_____

_____

_____

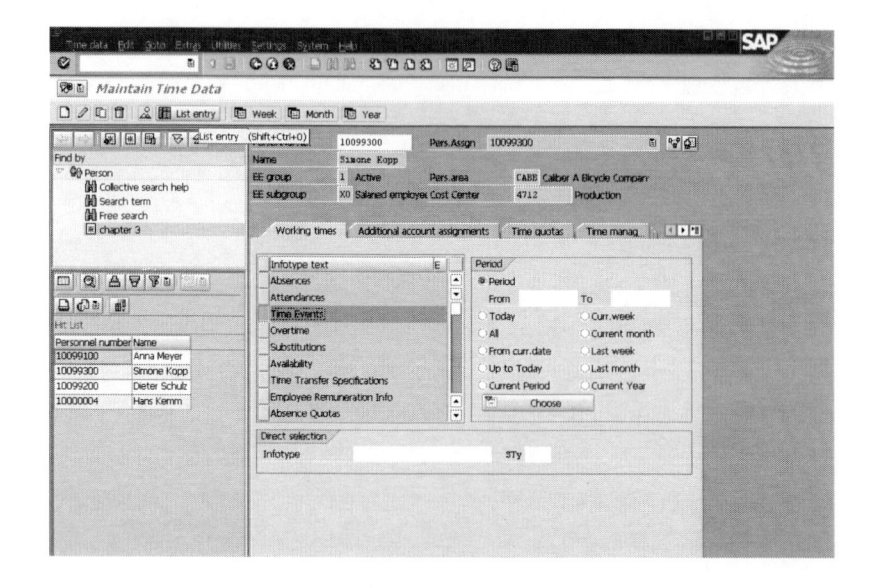

人力資源管理——SAP系統實務

2. 在如下界面的空白處，按照題目要求，為員工 Simone Kopp 填寫必要的時間數據維護信息。

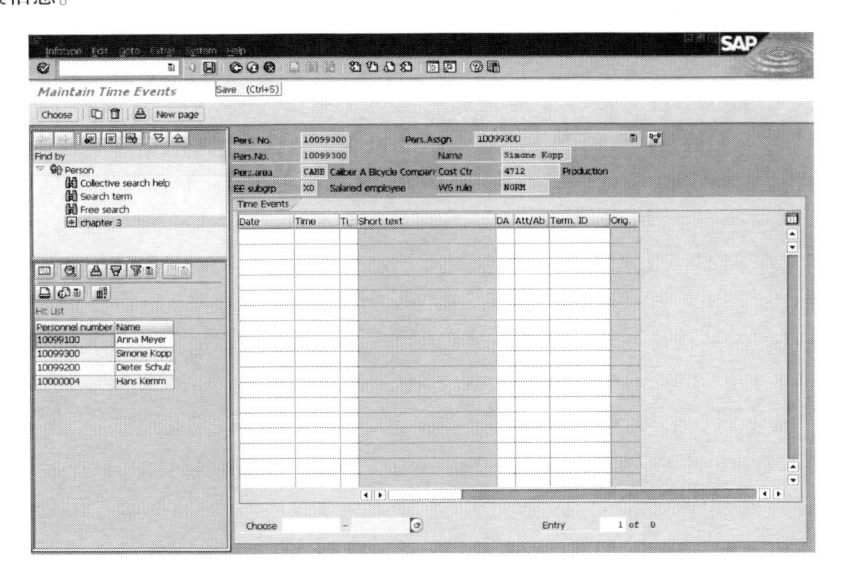

三、請為員工 Simone Kopp 實施時間評估（Simone Kopp 的員工編碼是 100993##），並顯示他的時間評估日誌（Display Log）。

1. 參考如下界面，寫出為員工 Simone Kopp 實施時間評估的路徑。

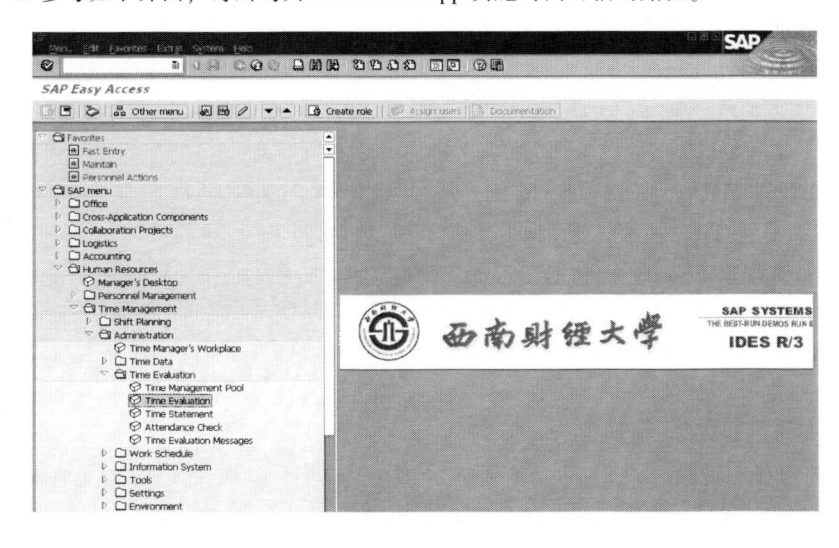

_____
_____
_____
_____

2. 按照題目要求，填寫和選擇必要的選項，為員工 Simone Kopp 進行時間評估。

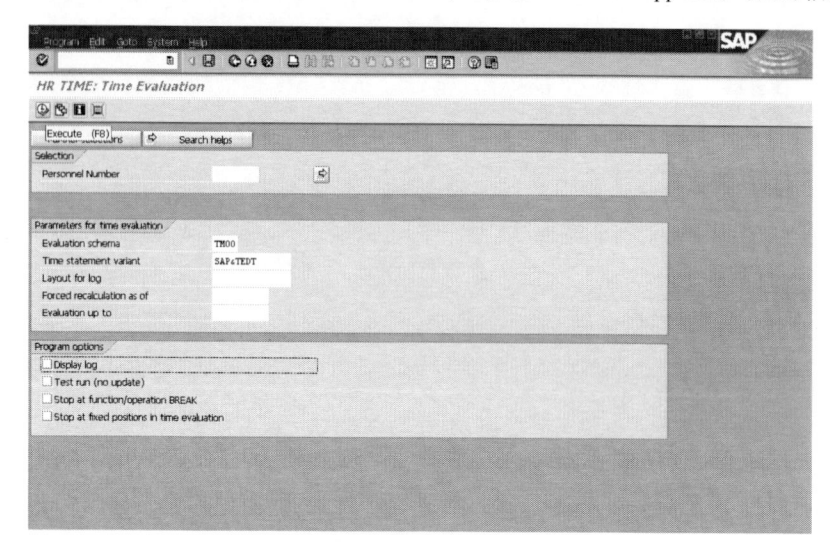

3. 為員工 Simone Kopp 進行時間評估後，系統出現的報錯信息是：

系統出現報錯的原因是：

四、請將你在這次實驗課上的收穫記錄下來。

第九章
SAP 績效評估的實施

學習背景

　　績效評估是人力資源管理部門中的核心職能之一。在實際業務中，企業常常為尋找和改進適合企業管理運作的績效評估方法、績效評估工具、績效評估指標等問題而投入很多時間和精力。新版本的 SAP 績效評估模塊，選擇了與企業戰略管理思想緊密相連的目標管理（MBO）理念，作為績效評估方法的設計理念，結合 360 度績效評估反饋思想，為企業人力資源管理部門設計了多種績效評估模板。企業可以選擇最適合自身管理實際的績效評估模板，高效地完成選擇績效評估方法、工具、參考評估指標等工作，還可以根據評估模板設計的評估指標，定制富有企業特色和部門特色的評估數據；定義指標考核分級；按照 SAP 績效評估的流程思想，輕鬆、有條理地完成績效評估工作。相信通過本章的學習，你能夠體會企業戰略人力資源管理的績效評估思想，掌握科學、高效的績效評估實施流程！

學習目標

　　通過本章的學習與操作，你將瞭解績效評估的數據準備、業務流程和結果運用；學會如何為管理部門績效評估做出相應設定；學會為目標管理下的績效評估工作做好數據準備的方法；掌握基於目標管理下的績效評估工作在企業人力資源管理中的實施流程；

學會在系統中及時查看績效評估工作的進展和結果。

學習內容

1. 瞭解目標績效評估的數據準備。
2. 瞭解目標績效評估的業務流程。
3. 瞭解目標績效評估的結果運用。
4. 學習如何為管理部門績效評估做出相應設定。
5. 能夠為基於目標管理的績效評估工作做好數據準備。
6. 學習績效評估在企業人力資源管理中的實施流程。
7. 學會在系統中及時查看績效評估工作的進展和結果。

SAP 目標績效評估功能，可以幫助管理者完成六項工作，即360度績效反饋、培訓評估、職業認證更新、績效評估、民意調查和職務評估。

• 360度績效反饋。這是績效評估的方法之一，通過員工自己、上級、同事、下屬、客戶的全方位績效反饋評價，對員工做出全面績效評估。

• 培訓評估。培訓工作的有效性，不僅體現在員工是否通過培訓機構的認證考試，還體現在培訓後回到工作崗位上，業務範圍擴大，業績提升，「傳幫帶」作用明顯，這是培訓評估的主要任務。

• 職業認證更新。這與培訓評估相關，員工受訓後的任職素質要及時更新。

• 績效評估。這裡有多種績效評估模板，可根據組織管理環境選擇績效評估模板，並進行個性化定義。

• 民意調查。戰略化人力資源管理工作需要與時俱進，改革創新。改革前的民意調查也可以在此模塊中實現。

• 職務評估。職務和職位的特殊性需要體現在績效管理和薪酬管理中，職務評估能夠實現對每個職位和職務的工作性質做出客觀評價。

一、SAP 績效評估的數據準備

SAP 績效評估業務需要做好六個方面的數據準備：

• 確定評估者和被評估者是誰。

• 確定是單項評估還是多項綜合評估，如培訓評估、績效評估、改革評估、職務評估等。

• 確定是記名評估還是不記名評估。

• 明確評估週期的長度，如一年一次、半年一次、一季度一次評估等。

• 明確評估結果的計算方法，如分值範圍、指標權重、角色權重等因素的確立。

• 明確評估指標的定義和詳細解釋。

關於 SAP 績效評估指標的定義和解釋，SAP 績效信息化管理的設計思路是：從戰

略人力資源管理的角度出發，借助目標管理理論，定義和解釋績效評估指標。

績效管理思想從組織戰略發展目標著手，從上到下層層分解目標，分解到每位員工的目標是績效考核指標的重要參考，並加以細化。員工自下而上實現目標的過程，正是組織和個人共同發展的過程。在這個過程中，員工和管理者之間持續的績效反饋，是保證目標實現的重要管理工作。

二、SAP 績效評估的業務流程

SAP 績效評估的業務流程大致可分為績效計劃、績效反饋與跟蹤、績效評估三個步驟。

以年度考核為例，管理者年初制定績效目標，這是達成年度績效承諾的過程，這個階段需要和員工充分溝通，既要讓員工充分理解目標和評估方法，又要瞭解員工實現目標中可能遇到的困難、需要提升的技能，指導員工更好地完成目標和績效評估。

年度中期反饋目標，經過半年的工作推進，管理者指導員工工作是否有效，距離年底達成目標還有多遠，是否需要降低目標或新增目標等，都在這個階段實現。

年度末期評估目標，實施績效評估，增加績效結果反饋，為下一期績效目標計劃做好溝通。

三、SAP 績效評估的結果運用

SAP 績效評估後的結果運用，體現了 SAP 績效管理的價值。SAP 績效評估的結果至少可以運用在以下三個方面：
- 為下一期績效計劃提供良好參考。
- 與薪酬管理直接關聯，發揮績效激勵作用。
- 不斷更新任職素質文件。

下面，我們通過一些練習題，來掌握 SAP 績效評估的相關學習內容。

實訓練習題

1. SAP 人力資源管理中的績效評估模塊，可以幫助企業人力資源管理完成哪些工作？

_____
_____
_____
_____
_____
_____

2. 請簡述 SAP 人力資源管理績效評估中的目標管理（MBO）思想？

3. SAP 人力資源管理基於目標管理的績效評估流程是什麼？

應用與提高

一、假設你是某企業的人力資源部績效評估專員，為了收集部門績效評估結果，你需要在 SAP 系統中維護你的信息類型「績效溝通」（infotype 0105）及其子類型「系統用戶姓名」（subtype 0001）。

1. 參考如下界面，寫出你維護題目要求的信息類型的路徑。

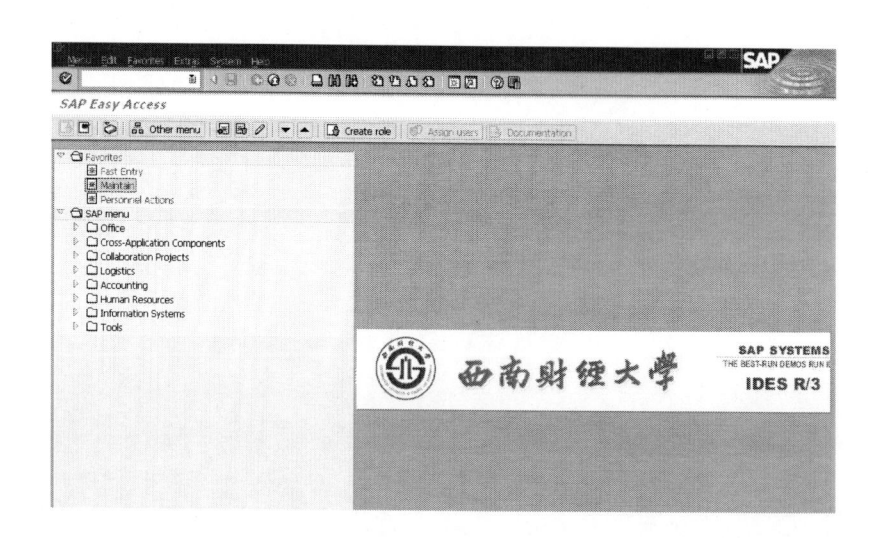

第九章 SAP 績效評估的實施

2. 為了在系統中維護你的信息類型「績效溝通」（infotype 0105）及其子類型「系統用戶姓名」（subtype 0001），請你在如下界面中填寫必要的信息。

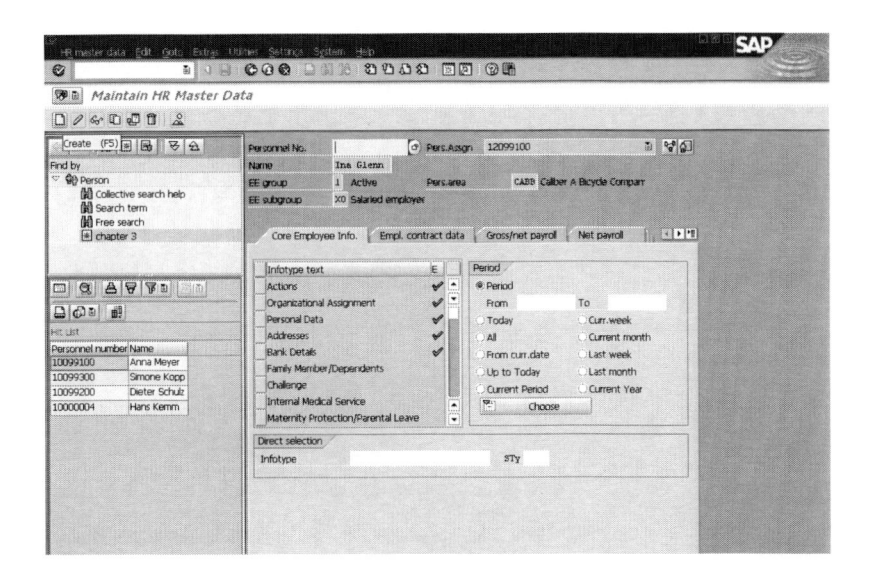

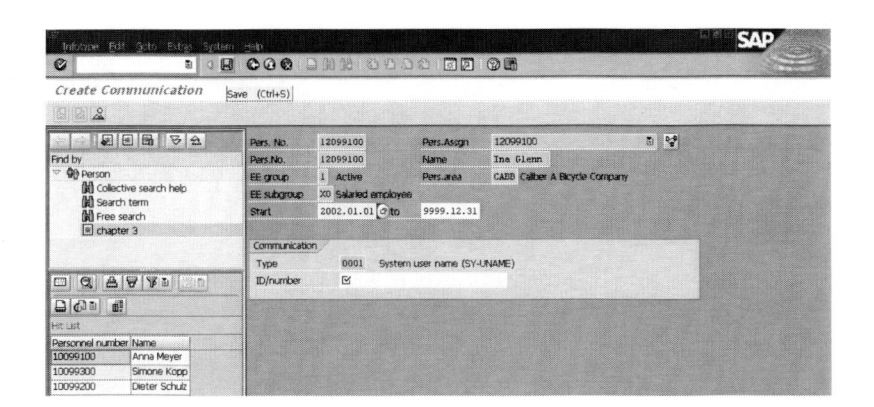

二、請在 SAP 績效評估系統中，確認評估者和被評估者的對象都是企業員工（Person）。

1. 參考如下界面，寫出確認績效評估者和被評估者對象的路徑。

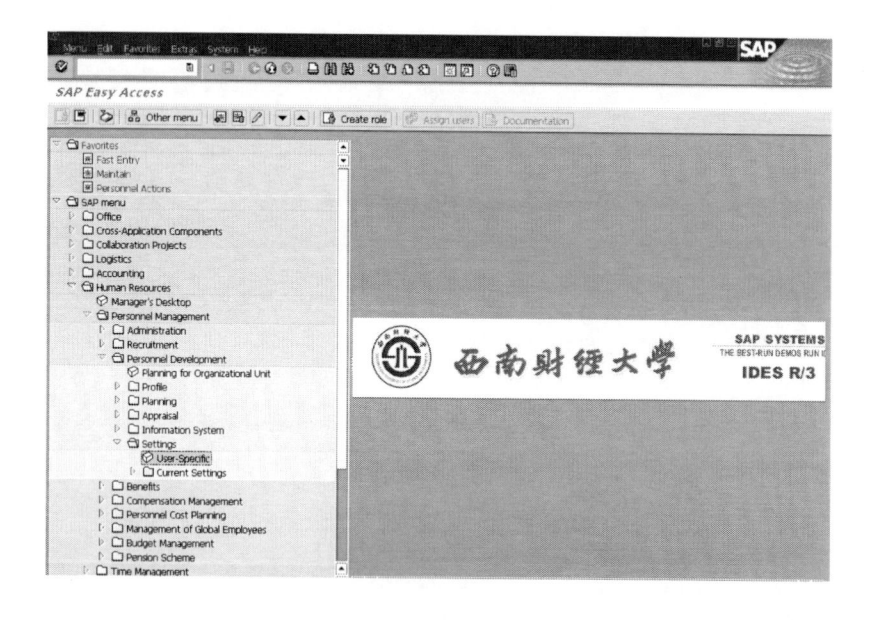

_____
_____
_____
_____

2. 績效評估者和被評估者都是員工的信息是：
Appraiser：_____
Appraisee：_____
要設置績效評估者和被評估者始終是企業員工，需要點擊_____鍵。

三、請以 PC4YOU 為績效評估模版，指定 Ina Glenn（120991##）為部門評估者，Kai Zimmer（120992##）為部門被評估者，自定義績效評估的目標標準，為部門績效評估做好數據準備。

第九章　SAP 績效評估的實施

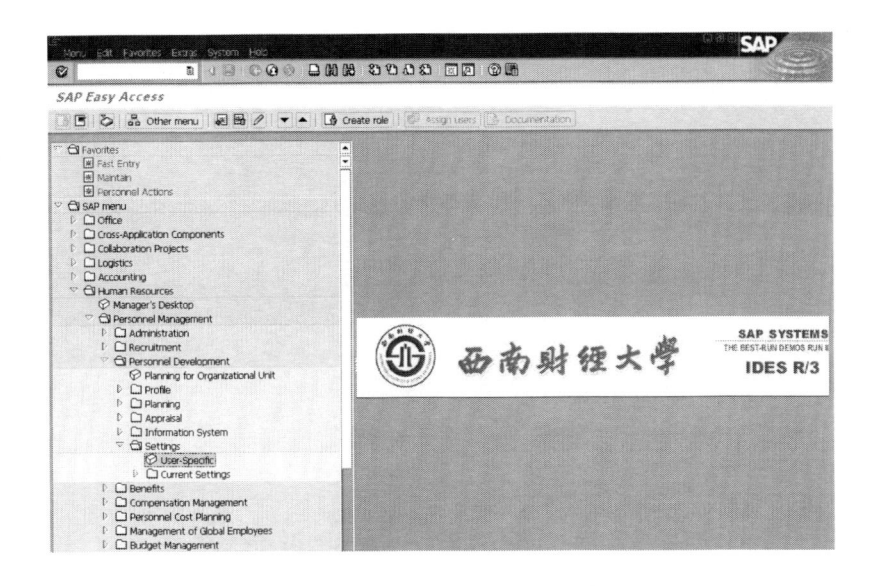

1. 參考如下界面，寫出為部門績效評估做數據準備的路徑。

_____

_____

2. 請根據題目要求，在如下界面中為部門績效評估做數據準備選擇和填寫必要的數據信息。

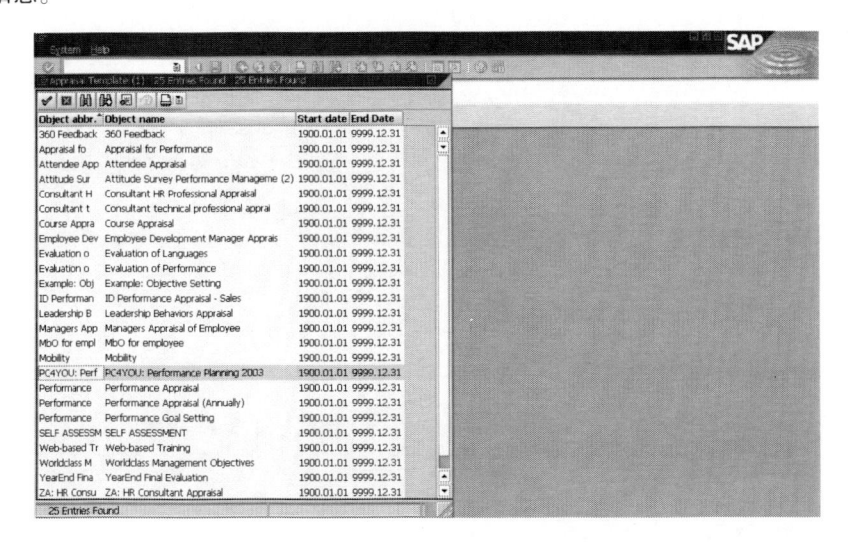

— 093 —

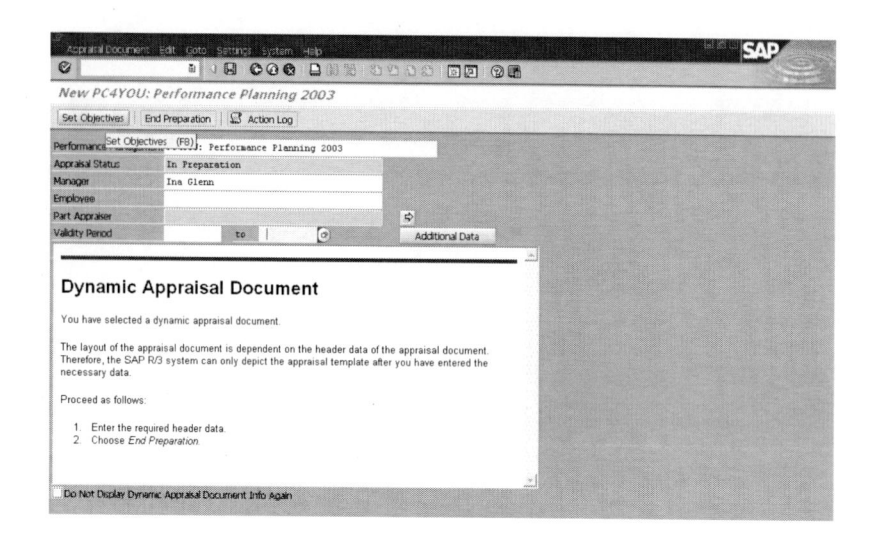

3. 請在如下界面空白處填寫你設定的部門績效評估目標標準。

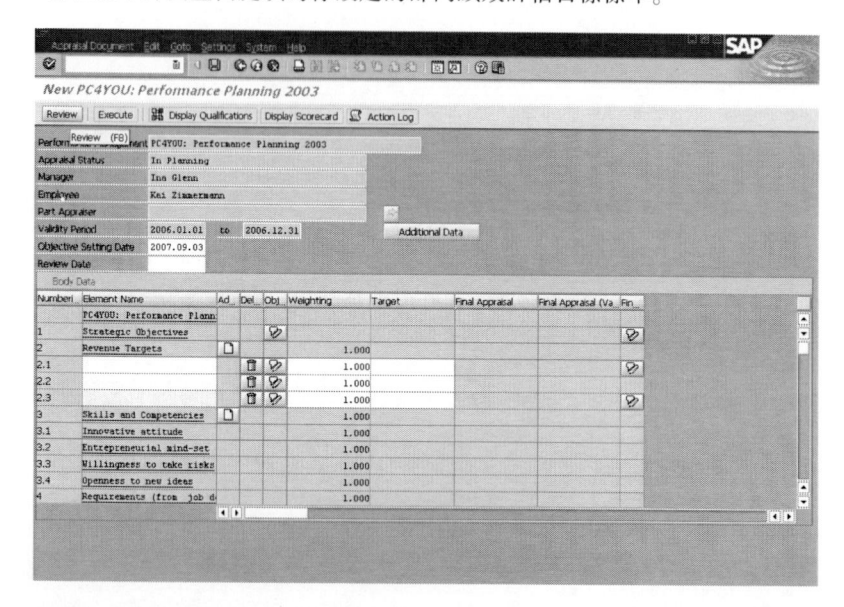

當點擊 Review 鍵修訂績效評估目標標準時，系統顯示的評估狀態是：_____

_____

四、點擊執行（Execute）鍵，根據部門評估者與被評估者的反饋，在如下界面空白處填寫評估最終得分。

第九章 SAP 績效評估的實施

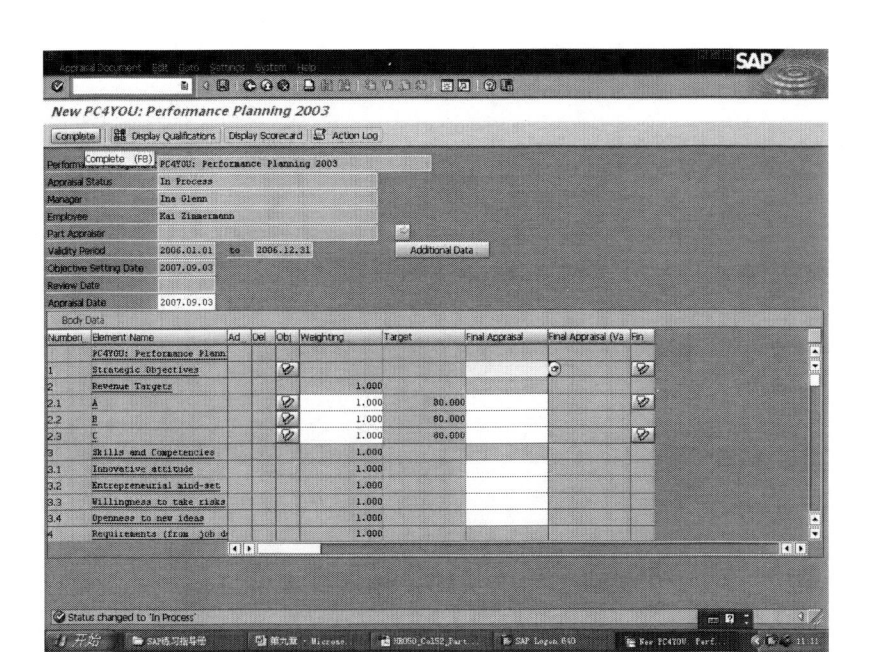

五、點擊完成（Complete）鍵，返回到 SAP 主菜單界面，查看這次績效評估在系統中的記錄。

1. 參考如下界面，寫出查看績效評估的路徑。

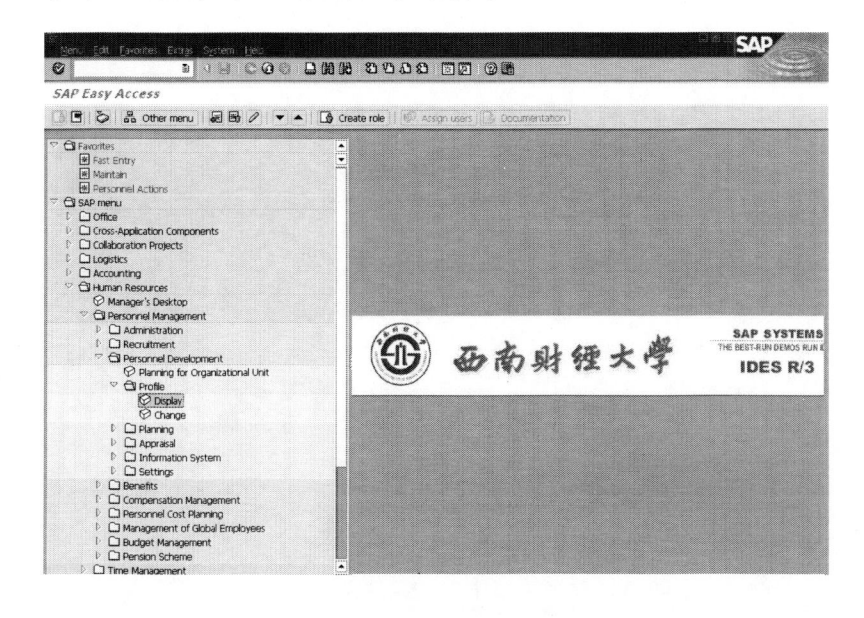

2. 填寫如下界面中的空白處，以方便查詢上題中完成的績效評估記錄。

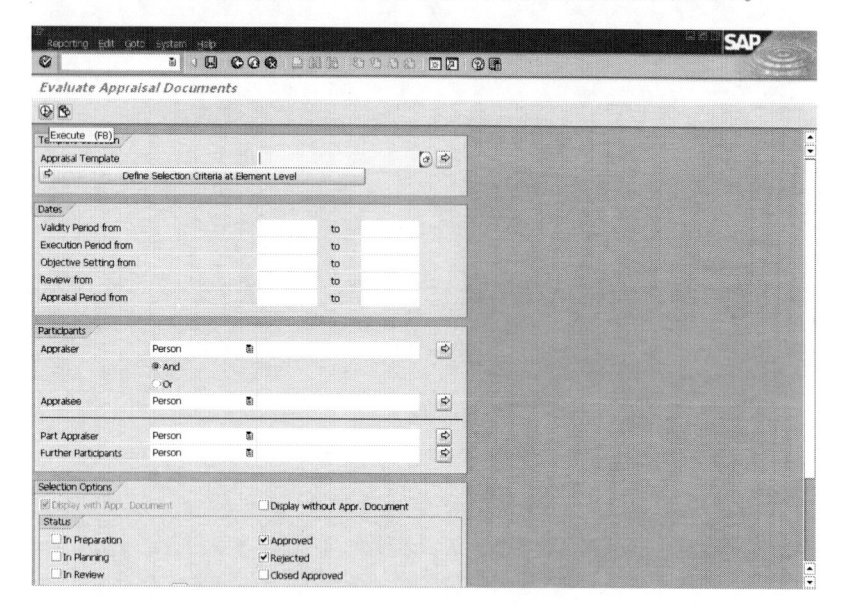

3. 請根據你的查詢結果，填寫如下信息。

Appraisal Document Name：_____

Name：_____ Appraisee Name：_____

App Stat：_____

Period _____ to _____

Appraisal Date：_____ Changed by：_____

六、請將你在這次實驗課上的收穫記錄下來。

_____
_____
_____
_____
_____
_____

第十章
SAP 工資管理的實施（一）

學習背景

　　工資管理是人力資源管理部門的核心業務之一。從本章開始，我們將向各位初學者介紹為企業員工實施工資管理的完整操作過程。SAP 工資管理的實施，首先需要做好工資管理員配置與員工工資數據的準備工作，隨後運行工資發放流程與製作工資報表。如果企業同時上線 SAP 財務管理模塊的話，最後 SAP 工資發放還需與財務管理集成——過帳。本章我們主要學習工資管理員在系統中的參數配置以及與員工工資相關的數據準備。

學習目標

　　通過本章的學習與操作，你將瞭解工資管理的基本流程、工資總額與工資淨額、工資結構管理與工資數據配置的含義；熟悉工資管理基本參數設定的方法；掌握工資管理前期基本信息類型的維護方法，能夠為企業的某個職位做好工資管理前的所有數據準備。

學習內容

1. 瞭解 SAP 工資管理的基本流程。
2. 瞭解工資總額與工資淨額含義。
3. 瞭解工資結構管理與工資數據配置的含義。
4. 理解 SAP 工資管理中回溯計算的含義和用途。
5. 掌握工資管理基本參數的設定方法。
6. 熟悉工資管理前期必須維護的基本信息類型，能夠根據職位要求，對與工資管理相關的時間管理數據、基本工資數據和工資帳戶信息做出準確的數據維護。

SAP 工資信息化管理業務的實施，執行三步工作法：第一步是準備工資數據，包括薪資管理員權限配置，與員工薪資數據的準備；第二步是運行工資發放流程與製作工資報表；第三步是財務過帳。

一、工資管理的基本流程

工資管理工作是一個綜合性的跨部門協同工作。在做工資管理之前，首先需要準備完整無誤的員工主數據信息，包括績效管理數據信息、員工時間管理信息、員工薪酬福利算法設置，以及和財務部門做好財務與成本控制的協同合作管理。

這項綜合性的跨部門協同工作是怎樣開展的呢？圖 10-1 展示了工資管理的業務流程。

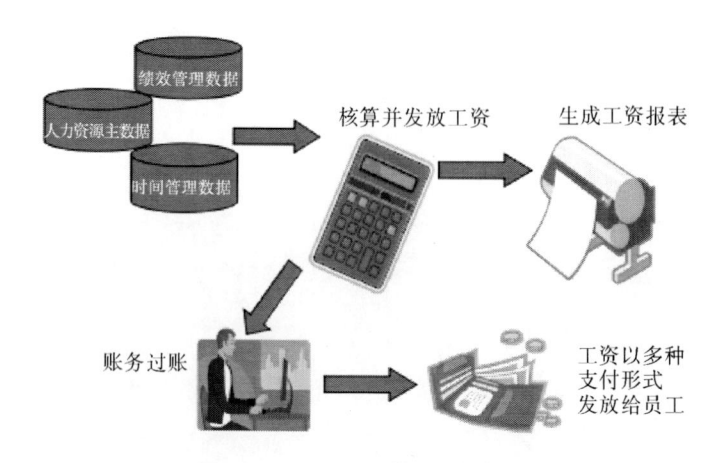

圖 10-1　SAP **工資管理的業務流程**

工資管理起步於匯總正確的員工主數據、績效管理數據和時間管理數據，之後為員工核算工資期間的工資數額，生成工資報表，同時將發放工資的數據傳給財務部門，實

現財務過帳。財務過帳後，工資就以轉帳、現金、儲值等多種多樣的形式發放給員工。

二、工資總額與工資淨額

員工實際收到的工資數據是應付工資總額嗎？顯然不是。員工工資總額減去扣減額得到工資淨額。工資淨額以多種形式發放給員工，如轉帳形式、現金形式、儲值卡形式，等等。

常見的工資總額包含基礎薪水（基本工資）、非現金收入（如飯卡儲值）、加班費、替代收入（繼任者替班收入）、帶薪休假、獎金紅利、預定薪水（年度考核通過後全部發放）、重複支付/減除額（如專家費、會員費等）、額外支付（如臨時任務補償）、回溯薪水補發歷史應發未發的金額。

回溯薪水是指針對過往發薪月份發生的各類工資項目調整，系統自動進行精細計算，將工資調整引起的補、扣差異，在當前發薪月份詳細列出並發放。比如目前已經完成第 5 期薪資管理，但識別到從 4 期開始，員工薪資數據發生調整，系統會重新核算第 4 期、第 5 期的薪資數據，將差異落實在第 6 期的實際支付中。

工資總額不僅包含了若干工資項目，也包含了扣減項目。比如，工資總額包含了五險一金的數額，也包含了個人所得稅金額，這些金額都屬於扣減額，因此工資總額中減去五險一金、個人所得稅等扣減項，就得到了工資淨額。

三、工資結構管理

工資結構管理，是由工資類型、薪資範圍等構成，是反應員工工資的基本參數表。工資結構既與工資制度有關，也與適用單位有關。

從工資制度的角度分析，有年薪制、崗位等級工資制（如按管理層職務高低定義工資）、崗位技能工資制（如按職稱級別高低定義工資）、也有協議工資制（如根據用工協議定義工資）。

對於工資結構的管理，可以通過公司代碼、人事子範圍、員工子組等數據設置。

- 公司代碼，代表集團下設的分支機構的情況。跨國組織常以國家地域進行劃分，國內組織常以省或大區進行劃分，不同國家的薪資制度有差異，不同省份的最低收入標準也有差異。
- 人事子範圍，代表了分支機構之下的每一個基層單位，不同基層單位的業務範圍不同，工資制度常有差異。
- 員工子組，代表了對員工組的細分，如在職全職員工可細分為實習生、計時工資員工、年薪制員工和佣金制員工等。不同員工子組的時間管理要求不同，工資結構也有差異。

四、配置工資數據

配置工資數據時，需要關注兩類信息類型：

第一類是通用信息類型，如：組織結構定位、工資狀態、預定工作時間、基礎薪水、銀行明細信息、重發收入/減除額、額外收入等。

第二類是與國家相關的信息類型，比如在中國，會涉及住房公積金、收入所得稅、社會保險等。其中社會保險會涉及養老保險、失業保險、醫療保險、工傷保險和生育保險。有些組織還為員工購買了更多的商業保險，也需要在工資準備期維護好相關的信息類型。

下面，我們通過一些練習題，來體驗工資數據準備的相關學習內容。

實訓練習題

1. 運用 SAP 人力資源管理進行工資管理前，需要維護的基本信息類型有哪些？

_____
_____
_____

2. 請舉例說明 SAP 人力資源管理工資管理中的回溯計算（Retroactive Accounting）的含義。

_____
_____
_____

應用與提高

一、在運用 SAP 人力資源管理工資管理模塊前，需要做好一些基本設置。請完成如下工資管理基本設置：

（1）將國家組（Country grouping）參數設置為 MOL，參數值為 99；用戶組（User group）參數設置為 UGR，參數值為 99。

（2）將登錄系統語言設置為你使用的語言。

第十章　SAP 工資管理的實施（一）

1. 參考如下界面，寫出設置國家組參數和用戶組參數的路徑。

2. 請在如下界面的表格中的選擇區域填寫相關數據，以定義國家組參數 MOL = 99，用戶組參數 UGR = 99。

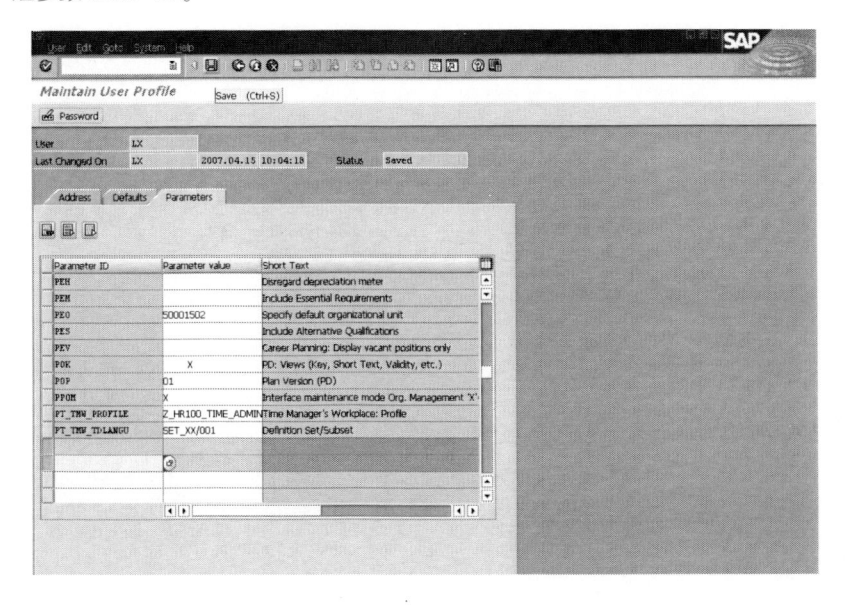

— 101 —

3. 請在如下界面合適的空白處，填寫你設置的登錄語言。

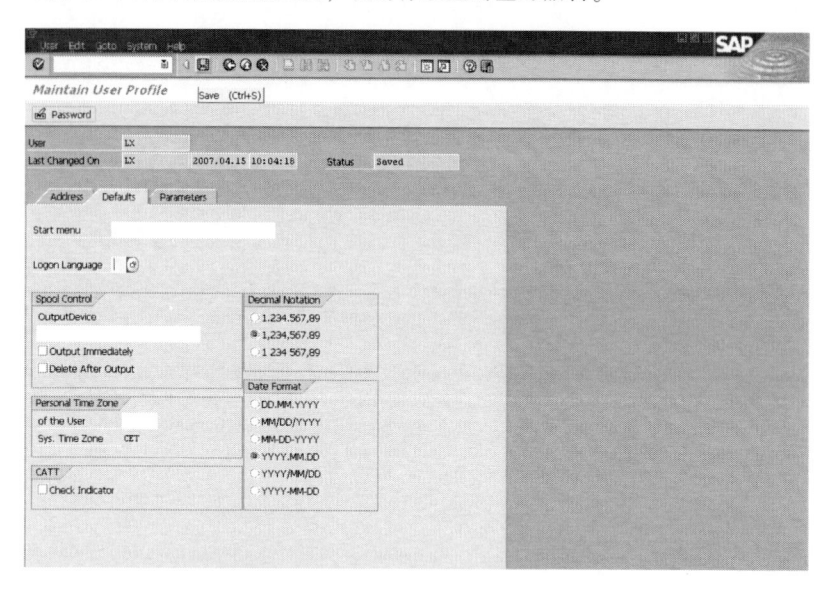

二、請將你在系統中的角色永久定義為 T_ HR110。

1. 請在命令區（Command Field）中，錄入 pfcg 回車，進入角色維護界面，請在合適的位置填寫你定義的角色名：T_HR110。

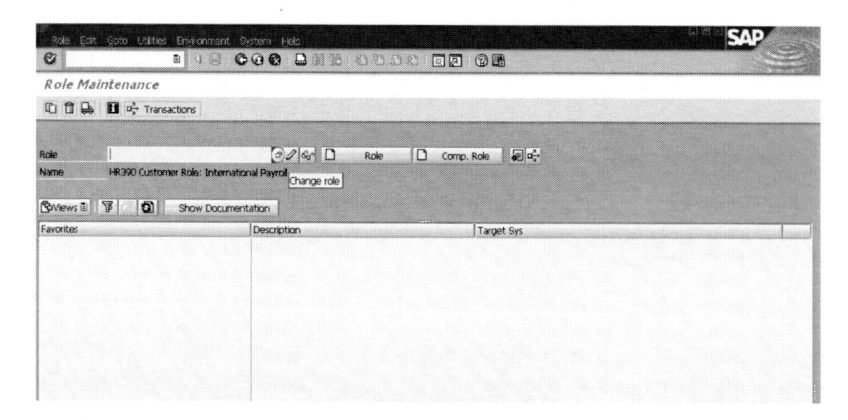

第十章　SAP 工資管理的實施（一）

2. 請根據題目要求，在如下界面中填寫你的用戶登錄名和角色分配時間。

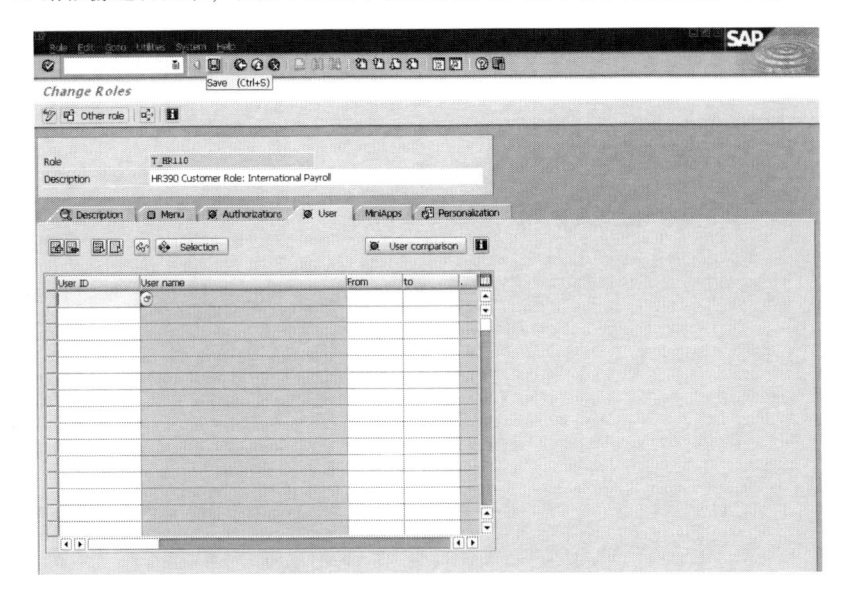

三、假設公司從 2003 年 1 月 1 日起，雇用了新採購員一名。

1. 從收藏夾中進入如下人事事件維護界面，在空白處錄入必要的信息，進入「新員工工資」（Hiring Payroll）人事事件維護界面。

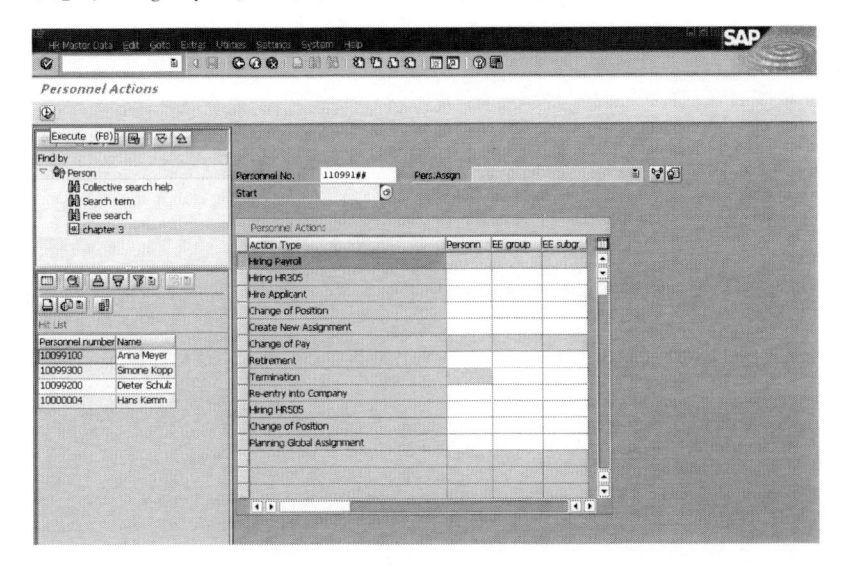

2. 在如下界面中為新錄用的採購員填寫必要的維護信息：員工代碼：110991##；起始期：2003年1月1日；人事範圍：CABB；員工組：1；員工子組：X0。

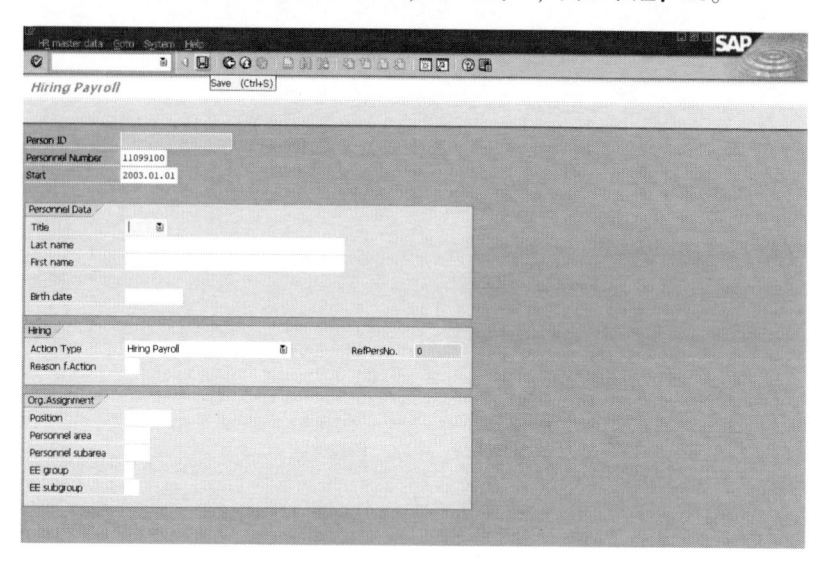

3. 保存上述信息，系統為該新採購員分配了內部員工編號。請在組織分配界面中，定義該採購員的職位是採購中心採購員##，工資範圍是##，工資管理員是G##。請在如下界面中填寫必要的維護信息。

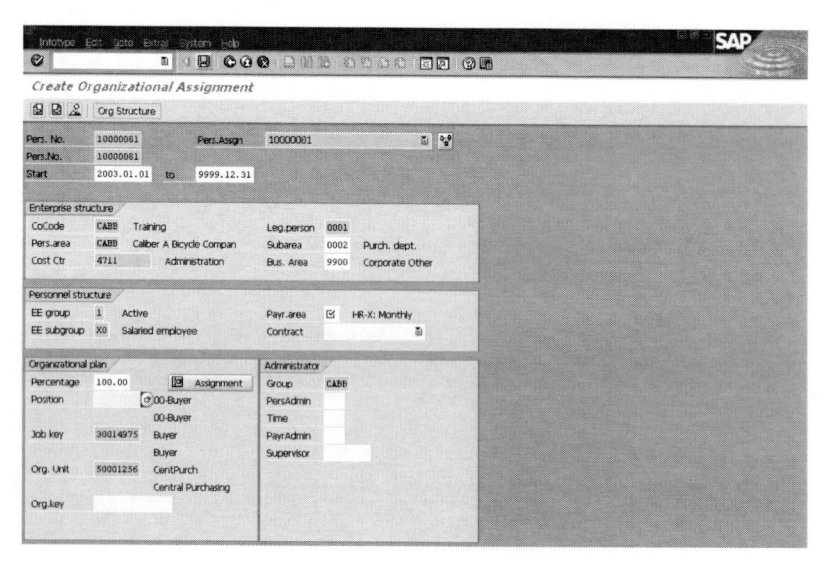

4. 自定義新採購員工的員工數據和地址信息內容，確認計劃工作時間信息類型中的工作計劃為「一般」（Norm）。在基本工資信息類型中，定義工資範圍組是 E03，工資範圍水準是 01，工資類型代碼為 M020，數額為 3,050 歐元。請在如下界面中填寫必要的維護信息。

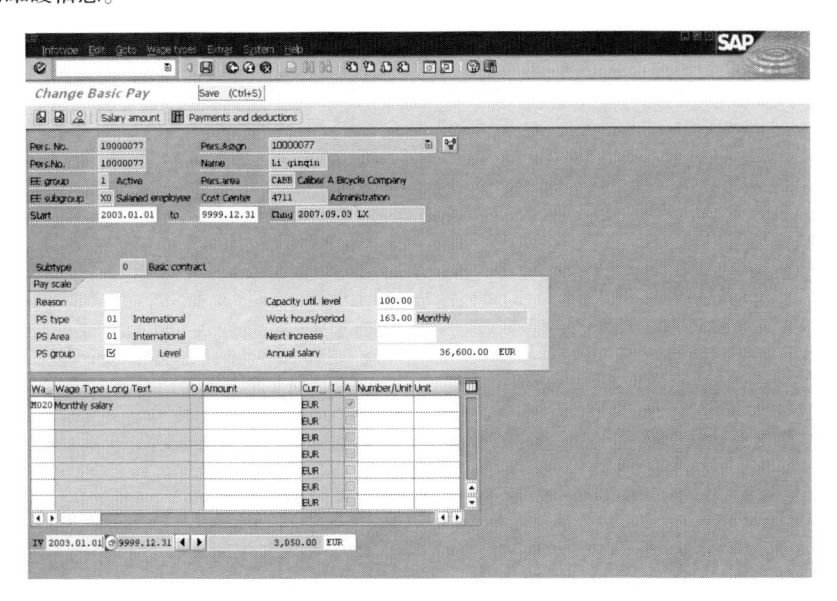

5. 請為新採購員定義如下工資帳戶信息：銀行代碼為 12312312 for Citibank；支付方法為銀行轉帳（U）。請在如下界面中，填寫必要的維護信息。

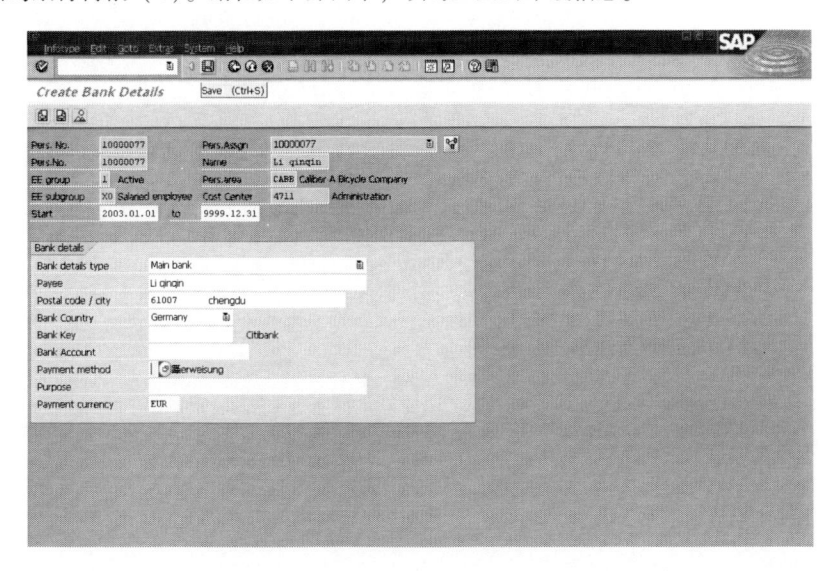

6. 請為新採購員定義如下缺勤配額信息：標準年假為 25 天，扣減起始期為 2003 年 1 月 1 日，扣減終止期為 2004 年 3 月。請在如下界面中，填寫必要的維護信息。

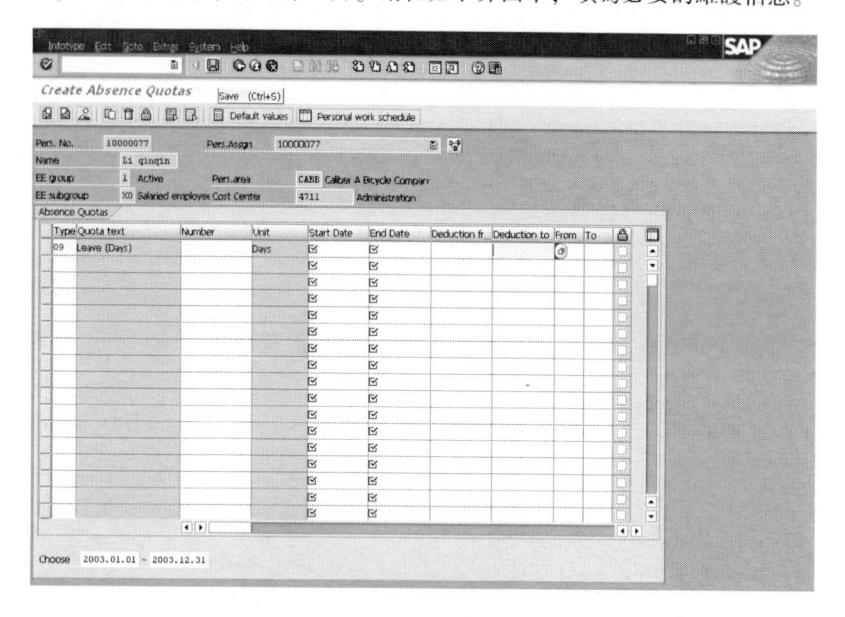

四、完成了上述新員工基本數據配置後，請查看這位新員工的數據文件。

1. 參考如下界面，寫出查看這位新員工數據文件的路徑。

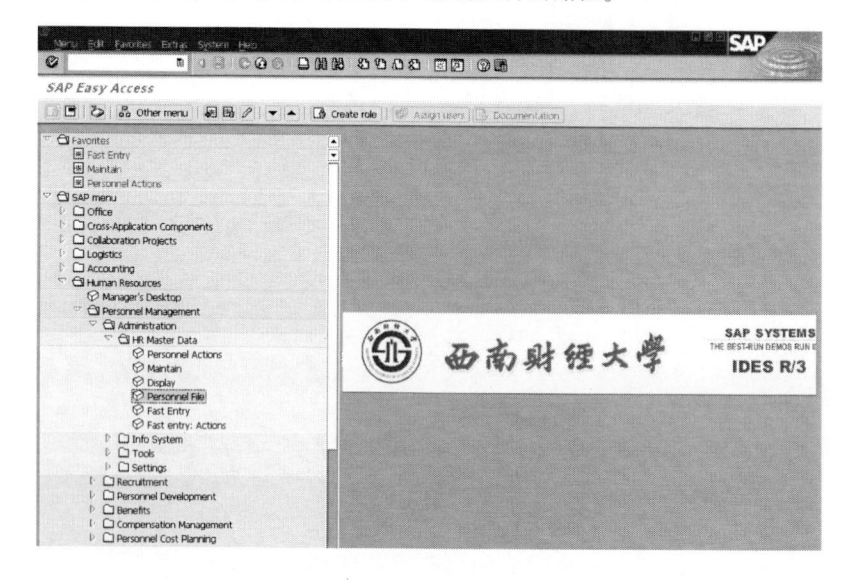

2. 通過點擊「下一屏」按鈕，你會看到這位新員工的一些重要信息類型。請寫出你在上題中沒有維護但是在員工數據文件中可以看到的信息類型有哪些？

_____
_____
_____
_____
_____

五、請將你在這次實驗課上的收穫記錄下來。

_____
_____
_____
_____
_____

第十一章
SAP 工資管理的實施（二）

學習背景

　　前一章，我們為工資管理做好了管理員配置與員工工資數據準備。本章我們將進入工資發放的實戰階段——工資發放流程。通過本章的學習，你會對 SAP 工資管理中的核心概念和這些概念之間的時間關係產生感性認識，並掌握 SAP 人力資源管理設計工資發放的基本流程思想。

學習目標

　　通過本章的學習與操作，你將通過工作發放流程，進一步理解 SAP 工資管理中工資範圍、工資期間、工資控制記錄等核心概念的含義、聯繫與區別；能夠獨立完成工資發放工作的完整流程；能夠解釋工資發放過程中遇到的信息提示，並學會查看工資發放結果；能夠製作工資管理相關的報表。

學習內容

1. 理解 SAP 工資管理中工資範圍、工資期間、工資控制記錄的聯繫與區別。
2. 操作完成工資發放工作的一個完整流程。

3. 能夠解釋工資發放過程中遇到的信息提示。
4. 學會查看工資發放結果。
5. 製作與工資管理相關的報表。

工資發放，是指在制度工作時間內，計發員工完成一定的工作量後應獲得的報酬。

一、工資範圍、工資期間和工資控制記錄的含義

SAP 工資發放管理，需要理解工資範圍、工資期間和工資控制記錄等常用專業詞語的含義。

- 工資範圍（Payroll Area），是為了方便開展時間管理和工資管理，將員工分組。不同工資範圍的員工，發放工資的時間和週期有所不同。
- 工資期間（Payroll Period），是工資發放的期間單位，比如最常見的是按月發放工資，也有周薪、日結還有按次數結算等各種工資發放期間。
- 工資控制記錄（Payroll Control Record），用於定義工資範圍、工資期間和回溯期間。

在工資控制記錄中，可以定義工資範圍（Payroll Area），比如按月結算工資；

在工資控制記錄中，也可以定義工資期間（Payroll Period），比如當前的工資發放週期是 2019 年 6 月的工資，具體是指「2019.06.01」到「2019.06.30」期間的工資；工資期間之下「Run」代表當前工資期間發放工資的次數，「01」表示發放過一次，也就是指 2019 年 6 月的工資已經發放。

在工資控制記錄中，還可以定義最早回溯期 Earliest RA Period，比如「2019.01.01」是指 2019 年 1 月 1 日是回溯計算工資的最早時間。

二、SAP 工資發放流程

SAP 工資發放流程如圖 11-1 所示，在工資數據準備充分的前提下，首先釋放工資數據（Release Payroll），之後運行工資發放程序（Start Payroll）。接下來檢查工資運行結果（Check Payroll），檢查結果有兩種可能。

第一種可能：結果正確、正常就進入最後一步退出工資發放程序；第二種可能：結果不正確、不正常，系統會自動運行自我修正程序，檢查和校對數據之後，重新開始第一步釋放工資數據，到第二步運行工資發放程序，檢查結果直到正確才進入最後一步退出工資發放程序，進入到財務過帳業務。

圖 11-1　SAP 工資發放流程

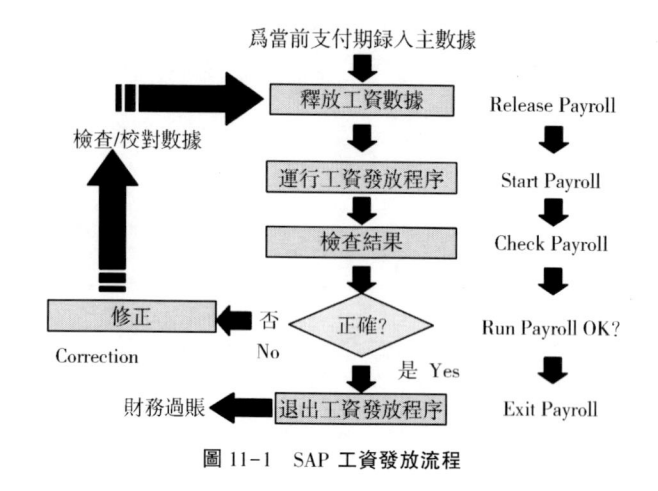

三、工資控制記錄在工資發放中發揮的作用

在工資發放流程中，工資控制記錄會在全程發揮控制工資數據的作用。

在工資發放的第一階段——釋放數據階段，工資主數據被鎖定，即被凍結的意思，此時不能維護工資主數據。

如果經過運行工資數據後，自查發現結果不正確，會自動進行校對數據，在校對數據階段（Release for Correction），工資主數據被釋放鎖定，此時可以更改錯誤的工資主數據。

在運行工資發放後的自查結果階段，工資數據依然是被鎖定的。

如果運行工資發放程序後，自查結果正確，系統就會退出工資發放程序，進入財務過帳階段。當退出了工資發放程序，工資主數據就不再被鎖定了。

總結一下，工資主數據被鎖定的階段有：釋放工資數據和檢查運行結果；工資主數據不被鎖定的階段有：釋放校正數據和退出工資發放。

下面，我們通過一些練習題，來體驗 SAP 工資發放的相關學習內容。

實訓練習題

1. 簡述你對工資範圍（Payroll Area）、工資期間（Payroll Period）和工資控制記錄（Payroll Control Record）的理解。

_____

_____

_____

2. 請畫出 SAP 人力資源管理工資管理的實施流程圖。

應用與提高

一、請查看工資範圍代碼為 X0 的工資控制記錄（Control Record），記錄下其工資期間與最早回溯計算期。

1. 參考如下界面，寫出查看工資控制記錄的路徑。

2. 根據你查詢的結果，填寫如下信息。

工資期間（Payroll Period）：_____

最早回溯計算期（Earliest Retroactive Accounting Period）：_____

二、請確認上一章中新雇傭的採購員（雇傭代碼是110991##，可以通過姓名查詢或結構化查詢找到該員工的員工代碼）的工資範圍代碼是X0。參考如下界面，說明查看員工工資範圍的路徑。

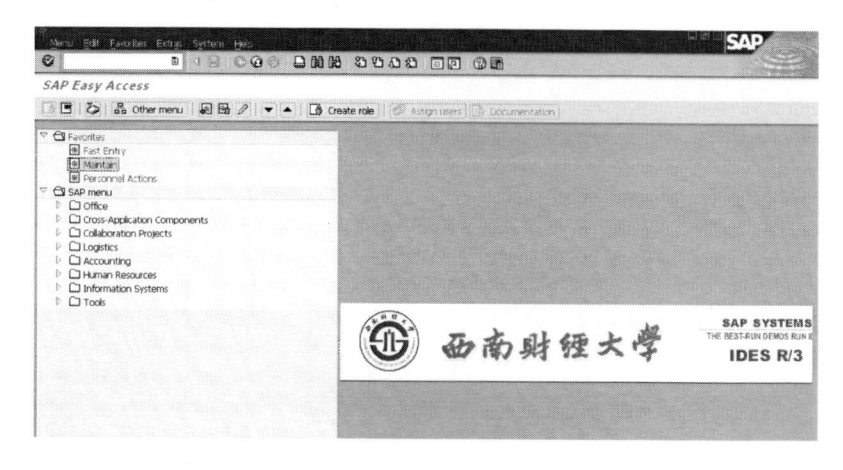

三、請查看該新採購員的信息類型「工資狀態」（Payroll Status）所包含的信息。

1. 參考如下界面，寫出查看員工工資狀態信息類型的路徑。

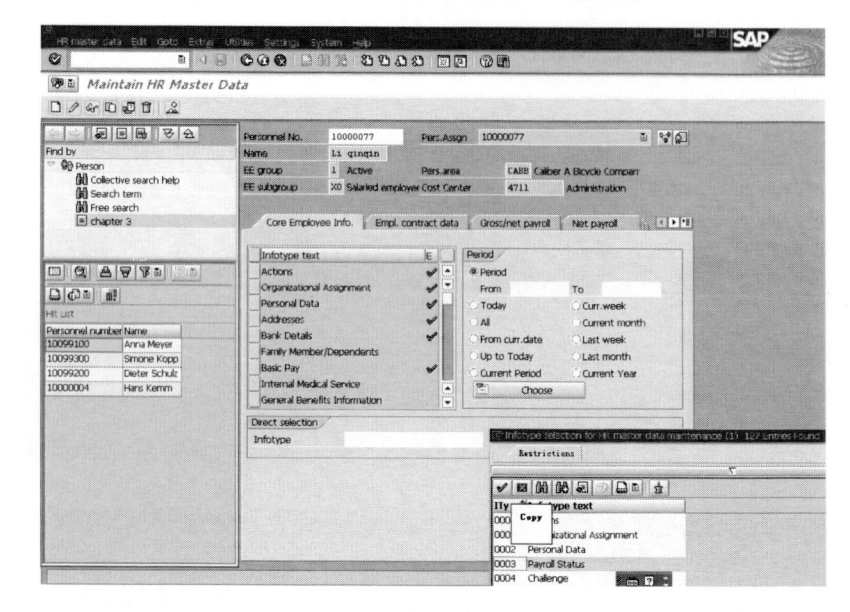

2. 將光標分別放在 Earl. pers. RA date 空缺處和 Accounted to 空缺處，利用 F1 幫助鍵，查看這兩個詞彙的含義。根據你的理解，請解釋目前這兩個空缺處沒有數據信息的原因。

四、請釋放 X0 工資範圍的員工工資。參考如下界面，寫出釋放員工工資的路徑。

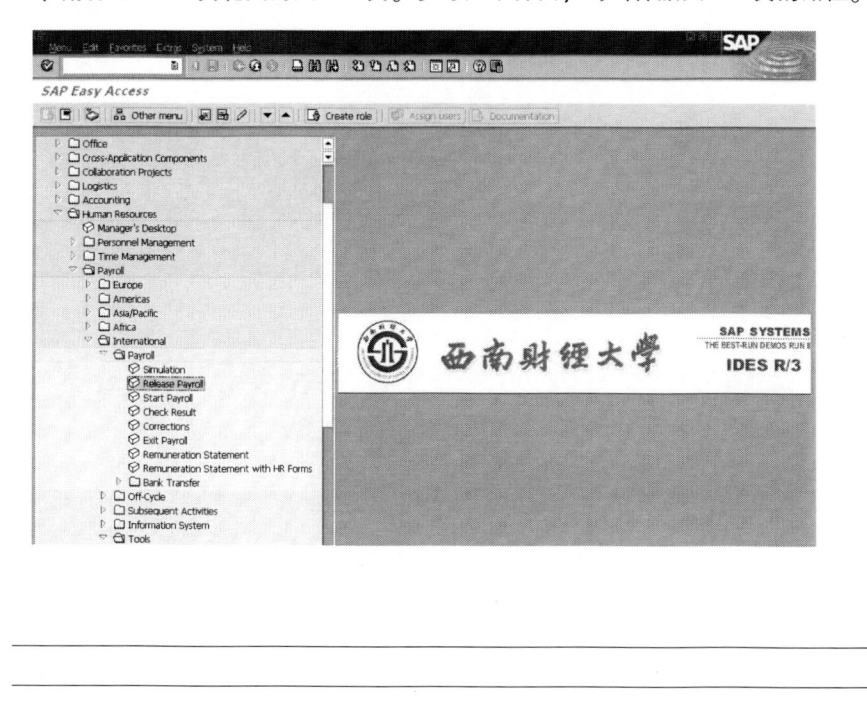

人力資源管理———SAP系統實務

五、請在 2004 年 1 月開始 X0 工資範圍的工資發放工作。選擇代碼為 X700 的工資發放方案，並要求顯示工資發放日誌（Display Log），運行「工資發放」前，將已錄入的數據以變量（Variant）的形式保存，變量名為 RUN##。[建議點擊執行鍵前先進行試運行（Test Run），之後正式運行工資發放程序。]

1. 參考如下界面，寫出開始運行「工資發放」程序的路徑。

_____

_____

2. 請根據題目要求，在如下界面空白處填寫和選擇必要的信息，並寫出將現有數據保存為變量（RUN##）的方法。

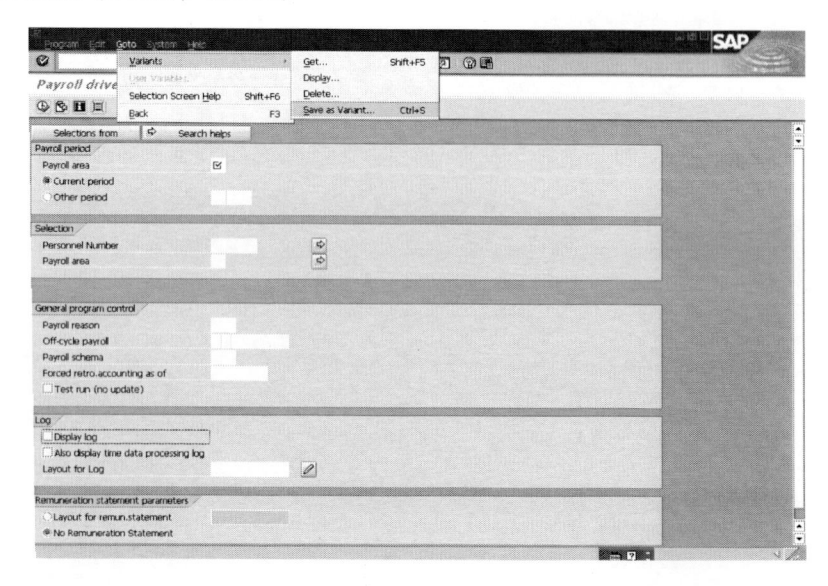

第十一章 SAP 工資管理的實施（二）

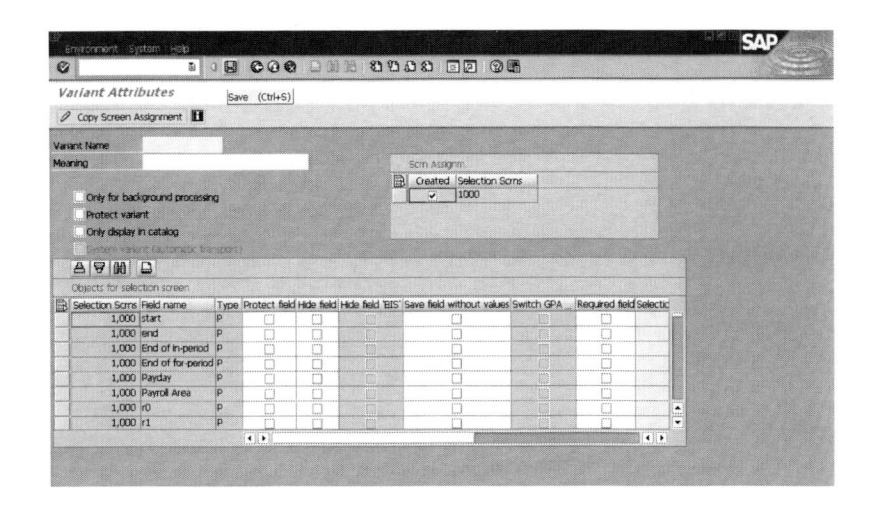

六、請查看該採購員 2003 年度工資運行的結果。參考如下界面，記錄查看工資運行結果的路徑。

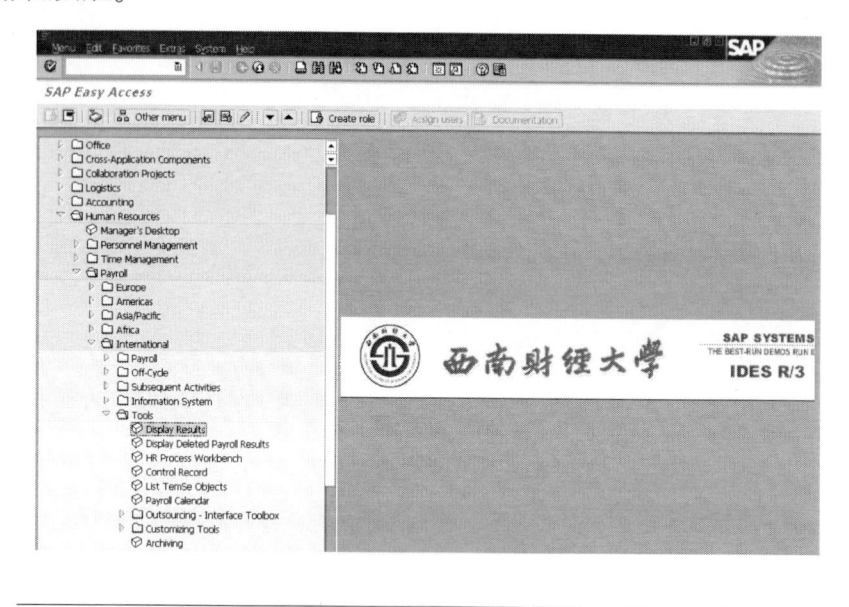

七、請為該採購員創建工資管理說明書（Remuneration Statement）。

1. 參考如下界面，寫出創建工資管理說明書（Remuneration Statement）的路徑。

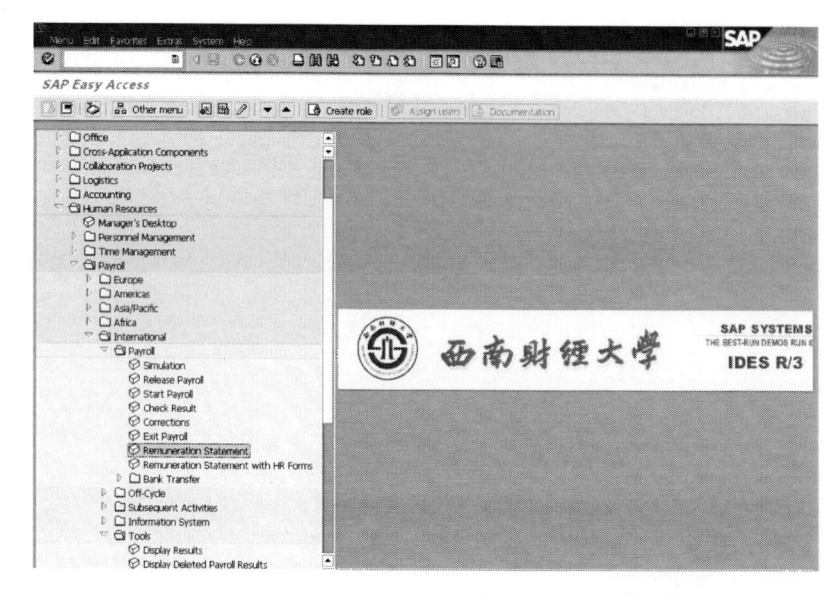

第十一章　SAP 工資管理的實施（二）

2. 請根據題目要求，在如下界面空白處填寫必要的維護信息。

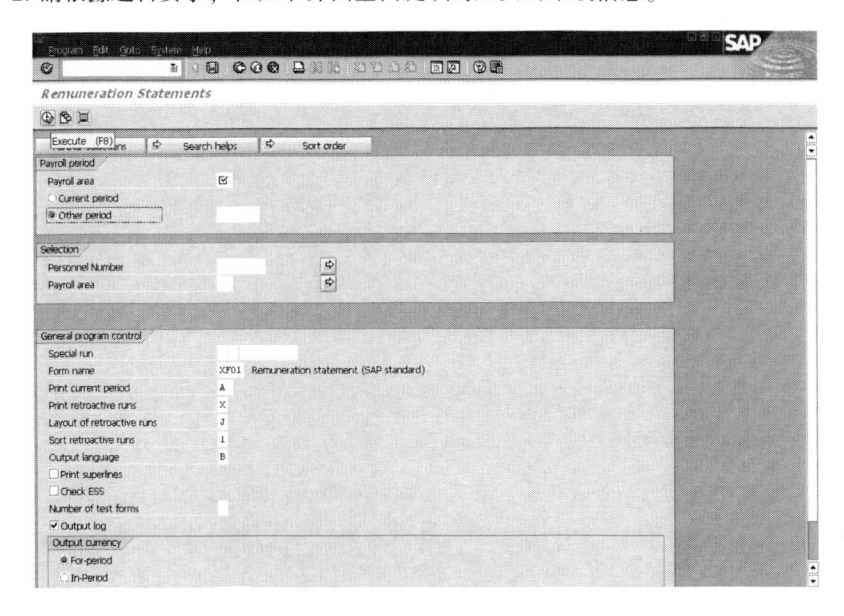

八、請為 X0 工資範圍的所有員工製作工資分類帳。

1. 參考如下界面，寫出製作工資分類帳的路徑。

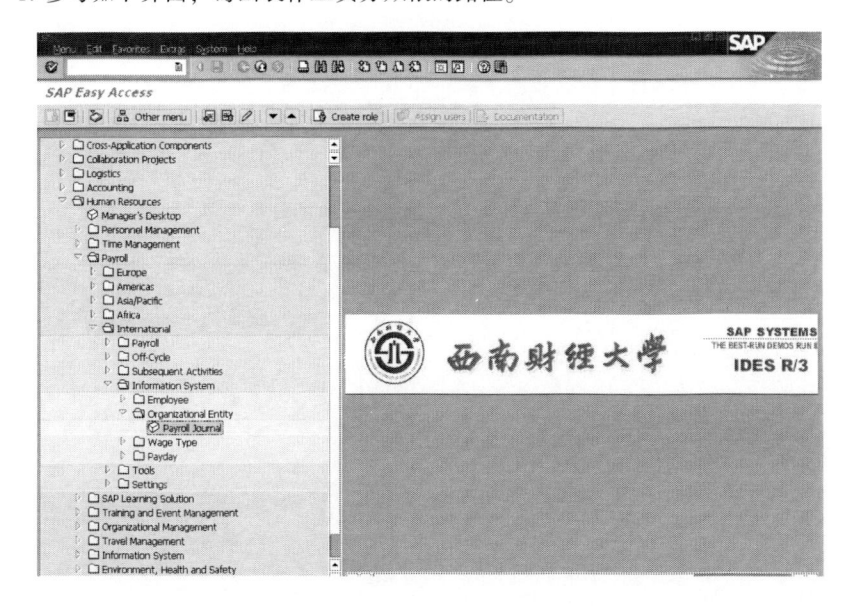

2. 請在如下界面中，為 X0 工資範圍內的所有員工創建工資分類帳，填寫必要的信息。

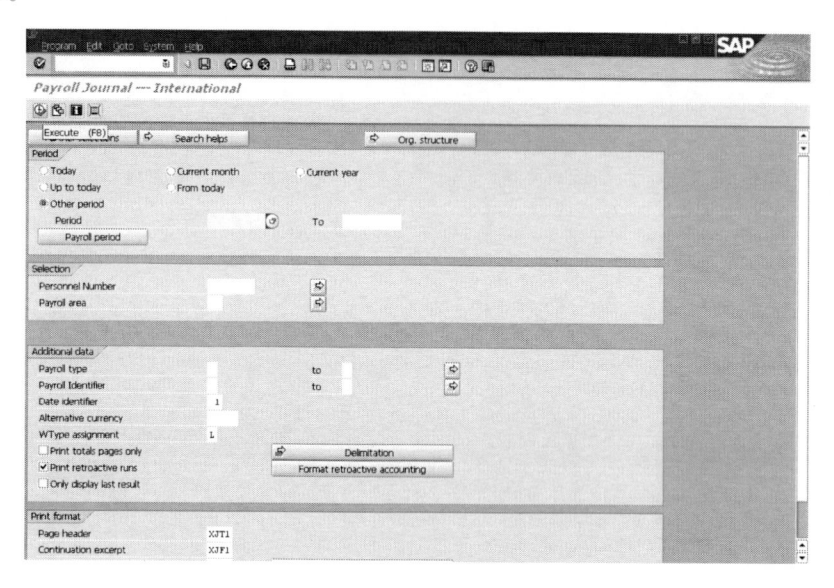

3. X0 工資範圍下的員工有_____位。

九、請運用「工資類型報告」，查看 X0 工資範圍內的員工在 M020 工資類型下的月工資收入額。

1. 參考如下界面，寫出創建工資類型報表的路徑。

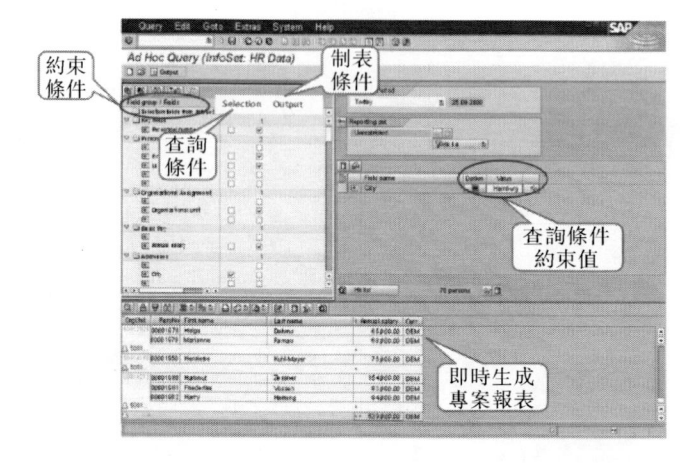

2. 請在如下界面中填寫必要的信息，以查看 X0 工資範圍內的員工在 M020 工資類型下的月工資收入額。

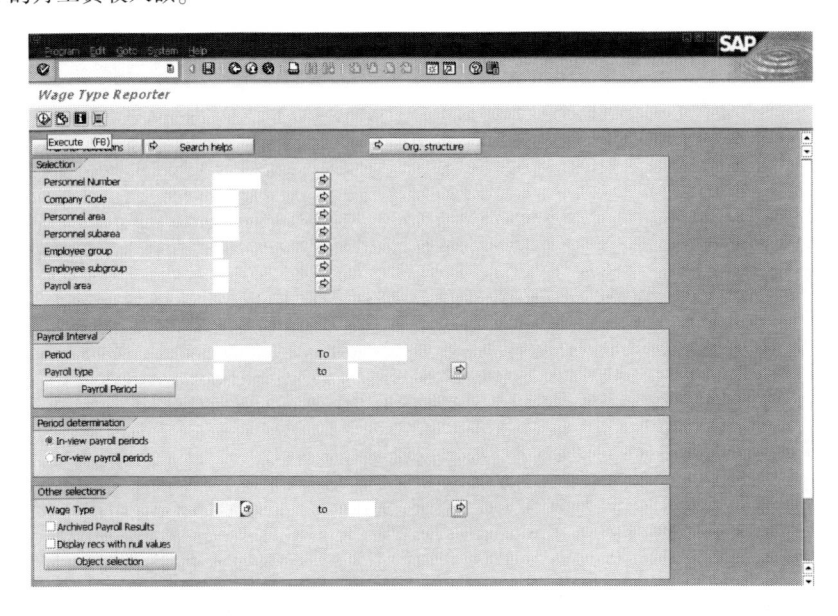

十、請將你在這次實驗課上的收穫記錄下來。

第十二章
SAP 人力資源管理報表查詢工具

學習背景

　　SAP 人力資源管理系統設計了非常成熟的各類報表查詢工具，極大地方便了人力資源管理者在業務操作時，及時、準確、方便、快捷地查找到需要查看、維護或做統計分析的人員數據。相信通過本章的學習，你將會發現 SAP 人力資源管理的報表查詢工具的確稱得上是「查詢小當家」。

學習目標

　　通過本章的學習與操作，你將認識 SAP 人力資源管理中各類常用的報表查詢工具；熟悉這些報表查詢工具的適用情景和查詢特色；能夠根據業務查詢要求選擇合適的報表查詢工具進行有效查詢和顯示結果；熟練掌握 Ad Hoc Query 查詢工具的使用方法。

學習內容

1. SAP 人力資源管理系統中常用的報表查詢工具。
2. 靈活運用各類報表查詢工具。
3. 熟練掌握 Ad Hoc Query 查詢工具的使用方法。

SAP 報表管理是 SAP 管理信息系統的數據分析利器。報表管理不僅可以實現每個業務部門的數據分析與預測，還可以分析、預測交叉業務部門的數據，從而為組織戰略發展提供重要的決策依據。

一、SAP 人力資源管理系統的常用報表工具

SAP 人力資源管理系統的常用報表工具有兩類：一類是查詢現有報表結果；一類是生成個性化的即時專案報表。

(一) 查詢現有報表結果

對於第一類報表工具「查詢現有報表結果」，通常有以下三種工具：

● 人力資源信息報表（Human Resource Information System），簡稱 HIS。HIS 適用於人力資源管理業務部門的現有報表查詢。

● 管理者桌面自助服務（Manager's Desktop and Manager Self-Service）。管理者桌面是服務於組織各個層級的管理者，運用直觀的圖形界面，進行人事決策分析和勞動力管理。

● SAP 菜單裡的報表（Info systems in the SAP Easy Access Menu）。它適用於組織所有業務部門的現有報表查詢。

(二) 生成個性化的即時專案報表

對於第二類報表工具「生成個性化的即時專案報表」，通常根據「專業與通用」分類可以分為兩種工具，即 Ad hoc Query 和 SAP Query。

二、查詢現有報表結果的使用方法

查詢現有報表結果，通常有兩種方法可以實現，如圖 12-1 所示。

第一種方法是：通過人力資源管理的各專業業務進入查詢專項報表，如在人事管理 Personnel Management 之下進入報表系統 information system──reports 或 reporting tools，或在薪酬管理 Compensation 之下進入報表系統 information system──reports 或 reports tools。

第二種方法是：從人力資源 human resources 中直接進入報表 information system。

人力資源管理——SAP系統實務

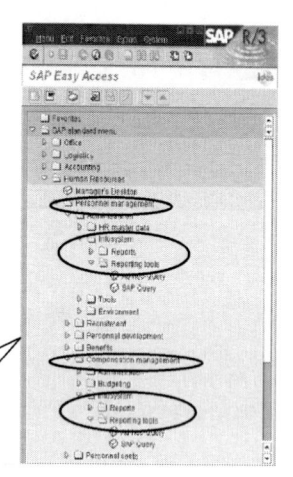

圖 12-1　查詢現有報表結果的方法

三、生成個性化的即時專案報表

生成個性化的即時專案報表，可以根據用戶的查詢需求和製表需求，自動生成個性化的相關報表。

如圖 12-2 所示，即時專案查詢業務界面有三個區域：

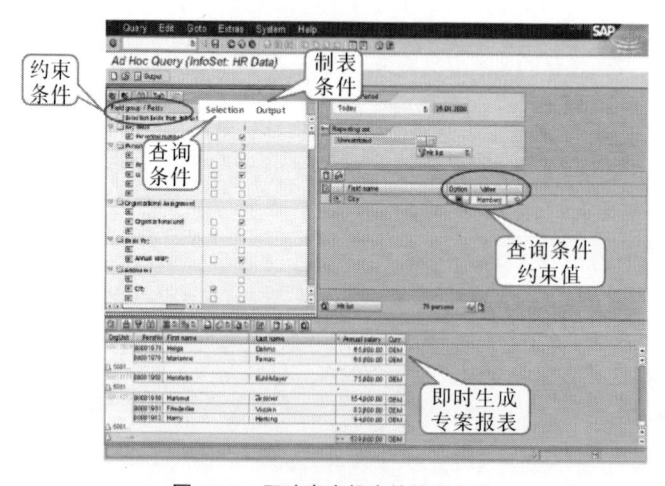

圖 12-2　即時專案報表的使用方法

第一個區域在左上方。左上方有三列，第 1 列是各種條件名稱，如姓名、性別、公司代碼等條件名稱；第 2 列是查詢條件勾選區，假設我們想查詢女性員工，就會在第二列勾選「女性」；第三列是製表條件勾選區，假設我們想得到女性員工的員工代碼和姓名，就會在第三列勾選「員工代碼」「姓名」項目。

第二個區域在右上方。在右上方可以輸入查詢條件的約束值。

第三個區域在下方。這是製表結果的輸出區，用戶可以直接看到即時生成的滿足需求的相關報表。

下面，我們通過一些練習題，來體驗 SAP 人力資源管理報表查詢工具的功能。

實訓練習題

1. SAP 人力資源管理中常用的報表查詢工具有哪些？

_____

_____

_____

_____

應用與提高

一、請查找並顯示目前企業中人事範圍為 CABB，人事子範圍為 0005 的所有女職員。

1. 參考如下界面，說明查看某人事範圍員工的路徑。

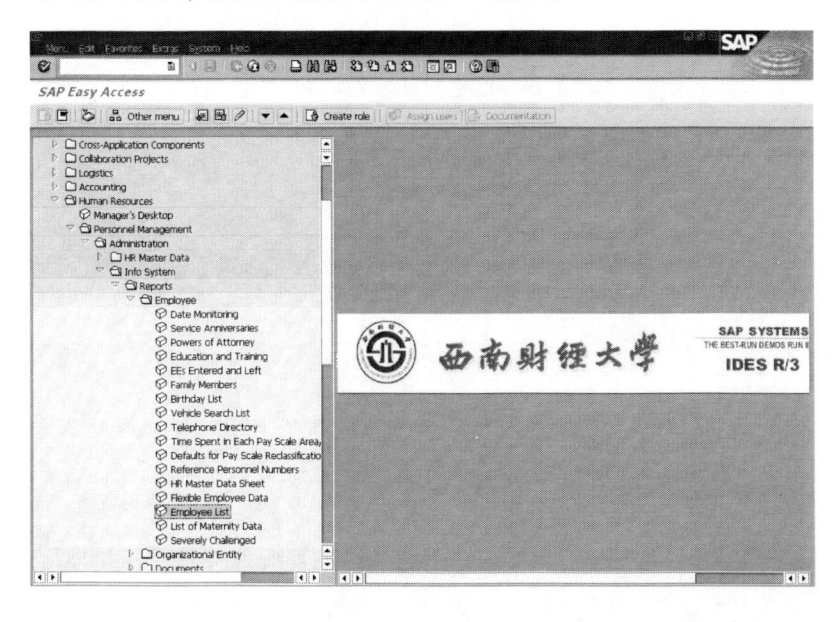

_____

_____

_____

_____

2. 根據題目的查找條件，在如下界面空白處填寫或選擇必要的信息，以完成查詢。

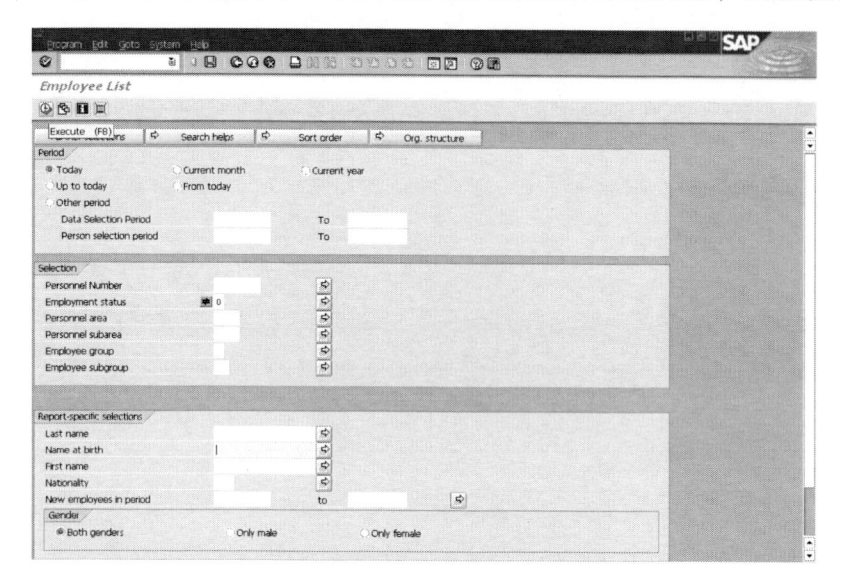

3. 你共找到_____位符合條件的員工。

二、請運用 Ad Hoc Query 來查找和顯示如下信息：
(1) 請查找公司代碼為 CABB，時間管理員為 G## 的所有女員工。
(2) 請顯示這些女員工的如下信息：人事代碼（升序排列）；名字；生日；工資類型（基本工資）；工資類型金額總計（Total of All Wage Type Amounts）；工資類型（附加支出）；附加支付總計（Total of Additional Payments）。
1. 參考如下界面，寫出進入 Ad Hoc Query 報表工具，查看題目要求信息的路徑。

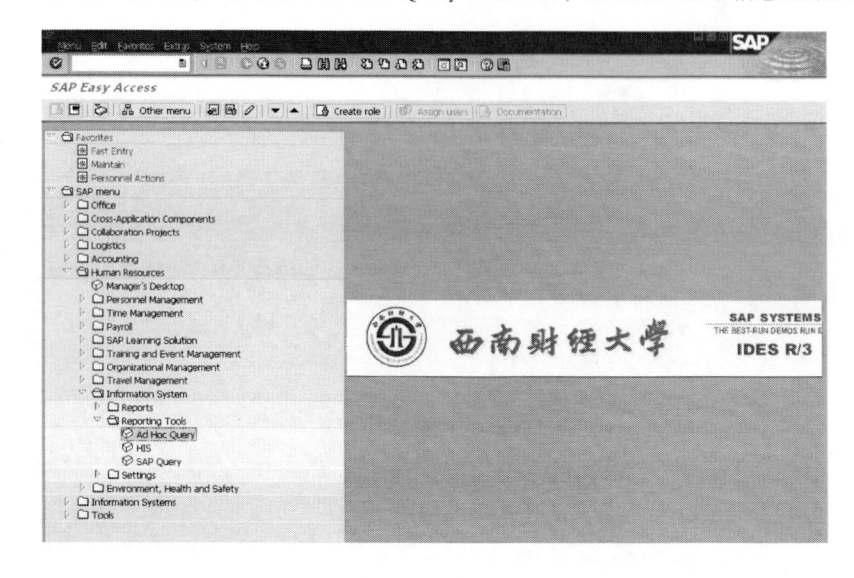

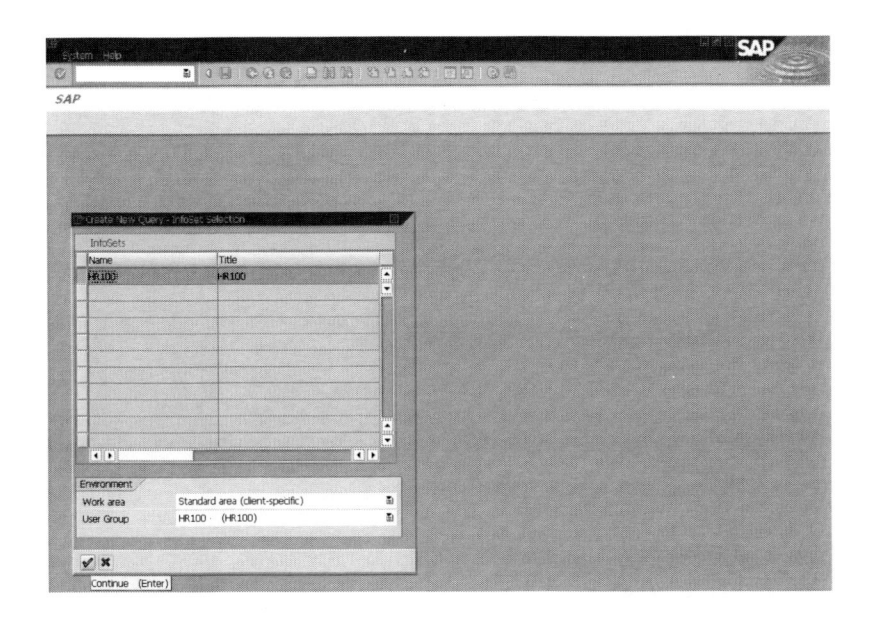

第十二章　SAP 人力資源管理報表查詢工具

2. 為了找到公司代碼為 CABB、時間管理員為 G##的所有女員工，請參考如下界面，選擇合適的條件，並在空白處填寫各條件值。

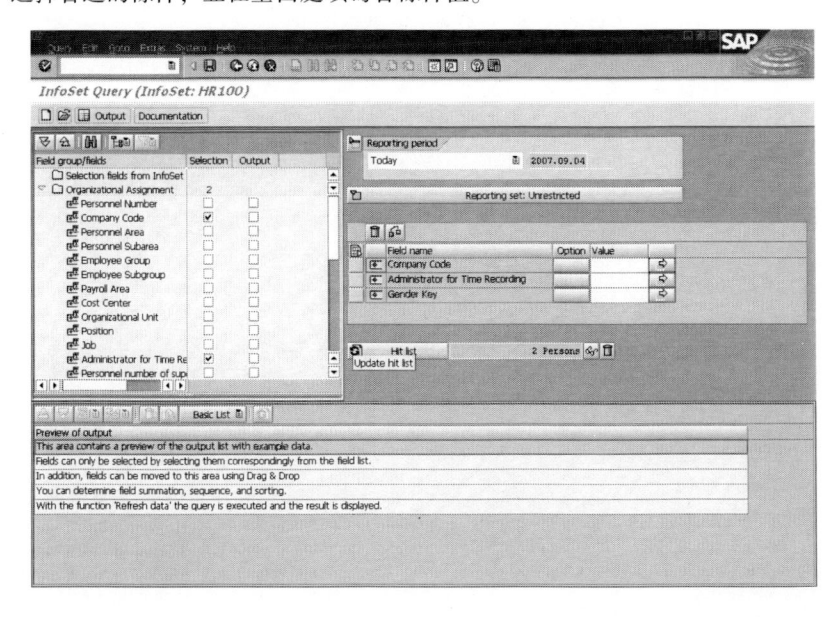

3. 你的查找結果是：共找到＿＿＿＿＿＿＿＿＿＿位符合條件的員工，她們的姓名和員工代碼是＿＿＿＿＿＿＿＿＿＿＿＿＿＿＿＿＿＿＿＿＿＿＿＿＿＿＿＿＿＿＿＿
＿＿＿＿＿＿＿＿＿＿＿＿＿＿＿＿＿＿＿＿＿＿＿＿＿＿＿＿＿＿＿＿＿＿＿＿＿＿

4. 參考如下界面，寫出完成顯示這些女員工的人事代碼（升序排列）；名字；生日；工資類型（基本工資）；工資類型金額總計（Total of All Wage Type Amounts）；工資類型（附加支出）；附加支出總計（Total of Additional Payments）等信息的方法。

＿＿＿＿＿＿＿＿＿＿＿＿＿＿＿＿＿＿＿＿＿＿＿＿＿＿＿＿＿＿＿＿＿＿＿＿＿＿
＿＿＿＿＿＿＿＿＿＿＿＿＿＿＿＿＿＿＿＿＿＿＿＿＿＿＿＿＿＿＿＿＿＿＿＿＿＿
＿＿＿＿＿＿＿＿＿＿＿＿＿＿＿＿＿＿＿＿＿＿＿＿＿＿＿＿＿＿＿＿＿＿＿＿＿＿
＿＿＿＿＿＿＿＿＿＿＿＿＿＿＿＿＿＿＿＿＿＿＿＿＿＿＿＿＿＿＿＿＿＿＿＿＿＿

5. 請在空格中填寫你的查詢結果。

Personnel Number：＿＿＿＿＿＿＿＿＿＿＿＿＿＿ Last Name：＿＿＿＿＿＿＿＿＿＿＿＿＿＿

Birth Date：＿＿＿＿＿＿＿＿＿＿＿＿＿＿＿＿ Wage Type：＿＿＿＿＿＿＿＿＿＿＿＿＿＿

Total：＿＿＿＿＿＿＿＿＿＿＿＿＿＿＿＿＿＿ Currency：＿＿＿＿＿＿＿＿＿＿＿＿＿＿

Additional Payments：＿＿＿＿＿＿＿＿＿＿＿＿＿＿＿＿＿＿＿＿＿＿＿＿＿＿＿＿＿＿

三、請將你在這次實驗課的收穫記錄下來。
_____
_____
_____
_____
_____
_____

國家圖書館出版品預行編目（CIP）資料

人力資源管理 —— SAP系統實務 / 李幸 著. -- 第一版.
-- 臺北市：財經錢線文化，2020.07
　　面；　公分
POD版

ISBN 978-957-680-458-8(平裝)

1.人力資源管理 2.管理資訊系統

494.3　　　　　　　　　　　　　　109010161

書　　名：人力資源管理——SAP系統實務
作　　者：李幸 著
發 行 人：黃振庭
出 版 者：財經錢線文化事業有限公司
發 行 者：財經錢線文化事業有限公司
E-mail：sonbookservice@gmail.com
粉 絲 頁：　　　　　　網　址：
地　　址：台北市中正區重慶南路一段六十一號八樓 815 室
8F.-815, No.61, Sec. 1, Chongqing S. Rd., Zhongzheng Dist., Taipei City 100, Taiwan (R.O.C.)
電　　話：(02)2370-3310　傳　真：(02) 2388-1990
總 經 銷：紅螞蟻圖書有限公司
地　　址：台北市內湖區舊宗路二段 121 巷 19 號
電　　話：02-2795-3656 傳真：02-2795-4100　網址：
印　　刷：京峯彩色印刷有限公司（京峰數位）

　　本書版權為西南財經大學出版社所有授權崧博出版事業股份有限公司獨家發行電子書及繁體書繁體字版。若有其他相關權利及授權需求請與本公司聯繫。

定　　價：260元
發行日期：2020 年 07 月第一版
◎ 本書以 POD 印製發行